# WERKSTATTBÜCHER

## FÜR BETRIEBSANGESTELLTE, KONSTRUKTEURE UND FACH-ARBEITER. HERAUSGEGEBEN VON DR.-ING. H. HAAKE, HAMBURG

**Jedes Heft 50—70 Seiten stark, mit zahlreichen Abbildungen**

Die Werkstattbücher behandeln das Gesamtgebiet der Werkstatts-technik in kurzen selbständigen Einzeldarstellungen: anerkannte Fachleute und tüchtige Praktiker bieten hier das Beste aus ihrem Arbeitsfeld, um ihre Fachgenossen schnell und gründlich in die Betriebspraxis einzuführen.

Die Werkstattbücher stehen wissenschaftlich und betriebstechnisch auf der Höhe, sind dabei aber im besten Sinne gemeinverständlich, so daß alle im Betrieb und auch im Büro Tätigen, vom vorwärtsstrebenden Facharbeiter bis zum leitenden Ingenieur, Nutzen aus ihnen ziehen können.

Indem die Sammlung so den Einzelnen zu fördern sucht, wird sie dem Betrieb als Ganzem nutzen und damit auch der deutschen technischen Arbeit im Wettbewerb der Völker.

### Einteilung der bisher erschienenen Hefte nach Fachgebieten



*(Fortsetzung 3. Umschlagseite)*

WERKSTATTBÜCHER

FÜR BETRIEBSANGESTELLTE, KONSTRUKTEURE UND FACH-
ARBEITER. HERAUSGEBER DR.-ING. H. HAAKE, HAMBURG

HEFT 84

# Hohe Drehzahlen
## durch
# Schnellfrequenz-Antrieb

Von

## Fritz Beinert und Hans Birett

Dipl.-Ing., Kleve      Dipl.-Ing., Frankfurt/Main

**Zweite Auflage**

(7.—12. Tausend)

Mit 116 Abbildungen

Springer-Verlag Berlin Heidelberg GmbH

1954

ISBN 978-3-540-01860-5

ISBN 978-3-642-87009-5 (eBook)

DOI 10.1007/978-3-642-87009-5

# Inhaltsverzeichnis.

# Vorwort[1].

Drehzahlen, welche über 3000/min liegen, wurden zunächst nur bei Holzbearbeitungsmaschinen gefordert. Die Besonderheiten des Werkstoffes Holz und der Wunsch, mit einem Arbeitsgang saubere Arbeitsflächen zu bekommen, machten große Schnittgeschwindigkeiten zur Voraussetzung. Das Aufkommen von Hartmetall- und Diamantwerkzeugen, besonders bei Verwendung von leicht zerspanbaren Werkstoffen, erweiterte den Anwendungsbereich von Antrieben mit hohen Drehzahlen. Rein mechanische Mittel in Verbindung mit Antriebsmotoren normaler Drehzahlen haben eine Reihe von Nachteilen, sei es großer Riemenverschleiß und Schlupf bei Riemenübersetzung, sei es unsauberes Schleifbild durch Zahnradübersetzung bei Schleifmaschinen. Allstrommotoren haben den Nachteil, daß der Drehzahlunterschied zwischen Vollast- und Leerlauf sich störend auswirkt und daß sie, wie die Gleichstrommotoren, gewickelte Läufer besitzen, die wegen der mit den Drehzahlen stark anwachsenden Fliehkräfte eine beliebige Drehzahlsteigerung unmöglich machen.

In diesem Heft soll eine Antriebsart eingehend behandelt werden, die sich zur Erreichung besonders hoher Motoren-Drehzahlen bewährt hat und dadurch immer vielseitigere Anwendung findet.

Bei Drehstrom-Asynchronmotoren ist die Drehzahl durch die Polzahl des Motors, die Frequenz des zugeführten Drehstromes und den Schlupf des Motors festgelegt. Mit der in Deutschland genormten Frequenz von 50 Hz (Hertz = Per/s) (nur bei Bahnbetrieb kommt eine Frequenz von $16^2/_3$ Hz vor) ist die höchste mit dem einfachen Käfigläufermotor erzielbare Lastdrehzahl etwa 2800 U/min. Erhöht man die Frequenz, so lassen sich entsprechend höhere Drehzahlen erreichen. Man bezeichnet diese Antriebsart als „Drehstromantrieb mit erhöhter Frequenz" oder „Hochfrequenzantrieb". Die erste dieser beiden Bezeichnungen ist zwar richtig, aber für den allgemeinen Sprachgebrauch zu lang. Die Bezeichnung „Hochfrequenz" dagegen ist für einen Drehstrom für Arbeitszwecke falsch und darüber hinaus in der Fernmeldetechnik und der Elektrowärmetechnik für einen ganz bestimmten, wesentlich höher liegenden Frequenzbereich schon festgelegt. Es taucht daher gelegentlich die ebenso unklare Bezeichnung „Mittelfrequenz" auf. Um diese unklaren Bezeichnungen zu vermeiden, wird in diesem Heft die seit Jahren vorgeschlagene eindeutige Bezeichnung „Schnellfrequenz" benutzt, die kurz, einprägsam und richtig ist.

Unter Schnellfrequenz ist der Frequenzbereich zwischen etwa 75 und 1000 Hz zu verstehen. Drehstrom dieser Frequenz wird meistens durch umlaufende Frequenzwandler, gelegentlich auch durch ruhende Wandler (Umrichter mit gesteuerten Röhren) erzeugt. Die verwendeten Motoren sind Drehstromkurzschlußläufermotoren mit allen Vorzügen dieser Ausführung. Bei Anschluß an Schnellfrequenz sind nur die elektrischen und mechanischen Gegebenheiten zu beachten. Falls notwendig, können polumschaltbare Motoren gewählt werden, wie auch alle für normale Motoren üblichen Bremsarten angewendet werden können.

Dieses Heft behandelt, um eingehend genug sein zu können, nur den Schnellfrequenzantrieb bei Werkzeugmaschinen[2]. Die Abschnitte, die elektrische Fragen

---

[1] Die erste Auflage dieses Heftes ist 1940 erschienen.

[2] Siehe auch Werkstattbuch Heft 54, BIRETT: Der elektrische Antrieb von Werkzeugmaschinen. Dort werden die elektrischen Grundlagen ausführlicher behandelt.

behandeln, setzen die Grundkenntnisse der Elektrotechnik voraus. Es ist jedoch versucht worden, auch dem „elektrotechnischen Laien" so viel zu bieten, daß er zusammen mit einer Fachfirma einwandfreie Anlagen planen kann.

Die Verfasser möchten auch an dieser Stelle Herrn Prof. Dr.-Ing. KIENZLE von der Technischen Hochschule Hannover für die Förderung dieser Arbeit danken; er gab die Anregung zu diesem Werkstattbuch, prägte die Bezeichnung Schnellfrequenz und hat die Verfasser bereitwilligst unterstützt.

# I. Schnellauf.

## A. Schnittgeschwindigkeiten und Drehzahlen.

Die Bearbeitungszeiten bei der spangebenden Formung hängen stark von der Schnittgeschwindigkeit ab. Je mehr die Nebenzeit durch selbsttätige Spannvorrichtungen, das Arbeiten aus Magazinen, Eilzustell- und Eilrückgänge herabgesetzt wird, desto höher wird der Anteil der Hauptzeit an der Gesamtbearbeitungszeit. Dasselbe gilt für Stücke mit lange dauernder Bearbeitung und nur einmaligem Einspannen (Wellen drehen; Gewinde fräsen). Die Hauptzeit selbst ist abhängig von der Schnittgeschwindigkeit und vom Vorschub. Der Vorschub ist nach oben begrenzt durch die mit dem größeren Spanquerschnitt steigende Schnittkraft und durch die Anforderungen an die Oberflächengüte. Die Schnittkraft ist dabei durch die Maschinenausführung und den Antrieb festgelegt, die Oberflächengüte durch die Starrheit der Maschine und durch die Abnutzung. Zur Verkürzung der Hauptzeit ist also die Steigerung der Schnittgeschwindigkeit das beste Mittel. Dabei erzielt die höhere Schnittgeschwindigkeit nicht nur den wirtschaftlichen Gewinn der kürzeren Gesamtbearbeitungszeit, sondern noch zwei weitere Vorteile: hohe Oberflächengüte und nur kleine Kräfte bei der Bearbeitung.

**1. Oberflächengüte.** Die Werkstückgüte wird durch Feinstbearbeitung wesentlich gesteigert (Abb. 1). Bei dieser Bearbeitung wird die geometrische Formgebung verbessert (Makro-Geometrie) und die Oberflächengüte gleichzeitig erhöht (Mikro-Geometrie). Die Gütesteigerung wirkt sich durch verbesserte Lauf-, Trag- und Abnutzungseigenschaften des Werkstückes aus. Unter den Begriff „feinstbearbeitet" fallen nach den Richtlinien des Ausschusses für wirtschaftliche Fertigung (AWF) die innerhalb der Edelpassung oder der ISA-Qualität 4 liegenden Werkstücke. Alle Bearbeitungsverfahren, die mit elastischen Werkzeugen lediglich die Oberfläche verbessern (schwabbeln, trommeln, polieren), zählen nicht zu den Feinstbearbeitungen. Die Feinstbearbeitungsverfahren aber (z. B. Feindrehen, Feinbohren und alle Fertigschleif-

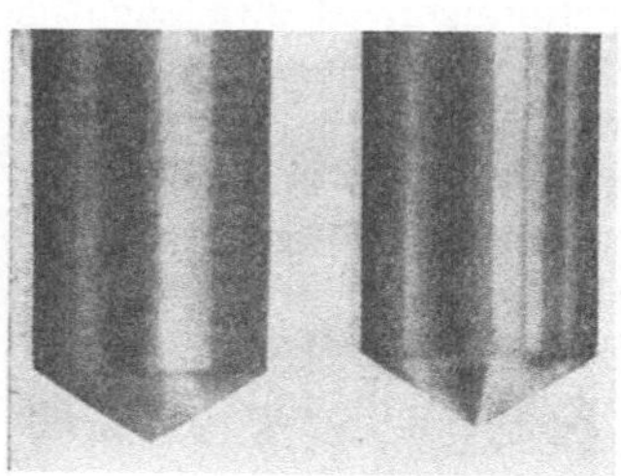

Abb. 1. Oberflächengüte bei verschiedenen Schnittgeschwindigkeiten. Loch links mit $v = 5$ m/min, Loch rechts mit $v = 30$ m/min gebohrt.

verfahren) erfordern hohe Schnittgeschwindigkeit. Durch diese hohe Schnittgeschwindigkeit werden die Kristallkörner glatt durchgetrennt und der voreilende Riß, der von der Werkzeugschneidenspitze in das Werkstück hineinreicht, wird weniger tief, so daß eine gute Oberfläche erzielt wird. Wegen der großen Abnutzung kommen für Feinstbearbeitung fast ausschließlich Hartmetall- und Diamantwerkzeuge und Schleifwerkzeuge in Frage.

Bei höherer Schnittgeschwindigkeit nimmt außerdem der Hauptschnittdruck ab, so daß also die Oberfläche verbessert, die Schnittkraft vermindert und damit die Maschine besser ausgenützt wird.

Der wesentlichste Fortschritt der letzten Jahre im Werkzeugmaschinenbau war die Umstellung auf Hartmetallwerkzeuge. Sie ermöglichen und bedingen die heutigen hohen Schnittgeschwindigkeiten. Nur bei hohen Schnittgeschwindigkeiten können sich die Vorteile der Hartmetallwerkzeuge, vor allem der Verschleißwiderstand, voll auswirken.

**2. Drehzahlschaubilder.** Einen Überblick über den Zusammenhang zwischen Drehzahl, Schnittgeschwindigkeit und Durchmesser geben am deutlichsten Drehzahlschaubilder. Sie veranschaulichen die Beziehung $v = D\pi n$. „Die Schnittge-

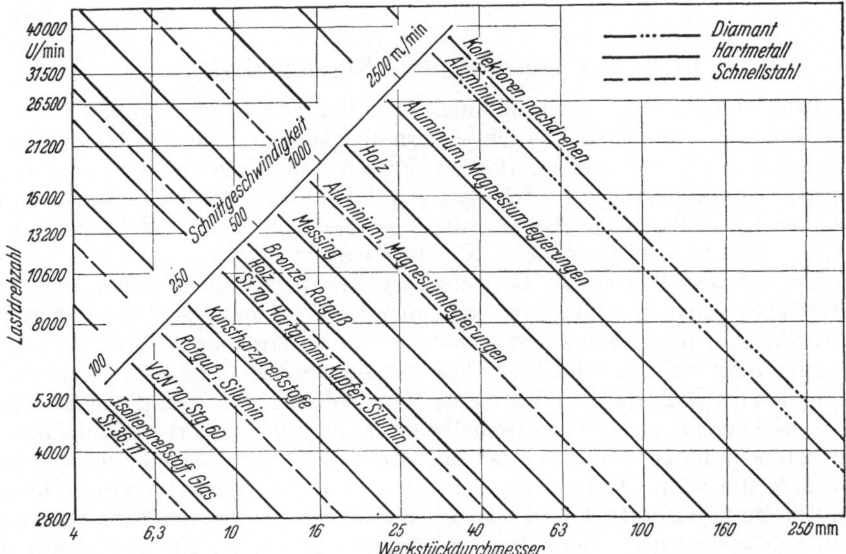


Abb. 2. Drehzahl-Schaubild für Dreharbeiten. Ungefähre Werte.

schwindigkeit $v$ ist das Produkt aus Umfang und Drehzahl", wobei $v$ in m/min, $D$ in m und $n$ in U/min angegeben werden. Bei kleineren Durchmessern muß also die Drehzahl erhöht werden, um auf dieselbe Schnittgeschwindigkeit zu kommen.

Ein derartiges Schaubild ist für Drehen in Abb. 2 wiedergegeben. Es fängt erst bei der Drehzahl 2800 U/min an. Diese Drehzahl ist die Lastdrehzahl der Kurzschlußläufermotoren, so daß also alle höheren in diesem Schaubild aufgetragenen Drehzahlen durch den üblichen Drehstrommotorantrieb nicht mehr unmittelbar erreicht werden können. Die eingetragenen Drehzahlen sind Schnellfrequenz-Lastdrehzahlen, die sich aus den in DIN 42655 genormten Schnellfrequenzen ergeben (Tabelle 10, S. 63).

Um die Übersichtlichkeit des Schaubildes zu wahren, sind Schnittgeschwindigkeiten, die sich nicht sehr unterscheiden, zusammengezogen worden, somit sind die angegebenen Werte nur ungefähre Richtwerte.

Aus dem Drehzahlschaubild ergeben sich für fast alle Werkstoffe, zumindest bei kleinen Durchmessern, hohe Drehzahlen. Außer beim Drehen sind noch hauptsächlich beim Bohren, Fräsen und Schleifen hohe Drehzahlen zu erwarten. In Tabelle 1 sind ungefähre Schnittgeschwindigkeitswerte für diese drei Bearbeitungsarten angegeben. Trägt man auch diese in Drehzahlschaubildern auf, so wird klar, daß hohe Drehzahlen nicht nur bei einigen wenigen Sonderfällen erforderlich sind, sondern daß das Anwendungsgebiet der hohen Drehzahlen sehr weit in das Gebiet der spangebenden Formung hineinreicht.

Tabelle 1. *Schnittgeschwindigkeitsrichtwerte in m/min.*

| Werkstoff | Bohren | | Fräsen | | Schleifen |
| | Schnellstahl | Hartmetall | Schnellstahl | Hartmetall | |
|---|---|---|---|---|---|
| Aluminium . . . | 200 | 400 | 400 | 1200 | 2000 |
| Holz . . . . . . | 35 | 60 | 900 | 1000 | 3000 |
| Kupfer . . . . . | 80 | 120 | 200 | 400 | 1800 |
| Bronze, Messing. . | 150 | 350 | 70 | 280 | 1800 |
| Grauguß . . . . . | 40 | 130 | 40 | 80 | 1100 |
| Kunstharzpreßstoff | 20 | 100 | 40 | 80 | 1500 |
| Glas . . . . . . | — | 30 | — | 40 | 1800 |

## B. Drehzahländerung und Schalthäufigkeit.

**3. Drehzahländerung.** Drehzahländerungen bei Werkzeugmaschinen sind erforderlich, um bei verschiedenen Durchmessern die gleichen Schnittgeschwindigkeiten zu erreichen, wie beim Drehen, Bohren, Fräsen und Rundschleifen, oder um die Schnittgeschwindigkeiten beim Übergehen auf das nächst feinere Arbeitsverfahren zu erhöhen wie z. B. beim Arbeiten mit Fräs-, Feil- und Schleifwerkzeugen in maschinellen Handwerkzeugen oder an Nachformmaschinen.

**a)** *Umlaufendes Werkstück.* Der schwieriger zu beherrschende Fall hinsichtlich der möglichst genauen Einhaltung von günstigsten Schnittgeschwindigkeiten ist das Arbeiten mit feststehenden Werkzeugen und umlaufendem Werkstück. Hierbei können sehr viele verschiedene Durchmesser nacheinander auftreten. Das ist beim Drehen der Fall, während beim Schleifen noch mehr Schwierigkeiten auftreten können, weil auch noch der Schleifscheibendurchmesser geändert werden kann. Bei den Maschinen, die zu diesen Bearbeitungsarten nötig sind, hat man deshalb schon immer auf eine feine Stufung der Spindel- und damit Werkstückdrehzahlen gesehen, um die wirtschaftlich und bearbeitungsmäßig günstigsten Schnittgeschwindigkeiten möglichst genau einhalten zu können. Da die genaue Einhaltung einer erprobten Höchstgeschwindigkeit besonders bei Arbeiten, die eine lange Hauptzeit im Vergleich zur Nebenzeit benötigen, einen höheren Nutzen ermöglicht, sind auch für die beiden Arbeitsverfahren Drehen und Rundschleifen die stufenlos einstellbaren Antriebe am meisten verbreitet.

**b)** *Umlaufendes Werkzeug.* Bei den Werkzeugmaschinen mit umlaufendem Werkzeug ist den vorher geschilderten Arbeitsverfahren am meisten das Bohren verwandt. Auch hier können nahezu alle Durchmesser vorkommen, so daß auch beim Bohren die Auswahl einer passenden Drehzahl eine feine Stufung der Bohrspindeldrehzahlen bedingen könnte. Beim Bohren ist aber gewöhnlich die Hauptzeit der Nebenzeit nicht wesentlich überlegen, da große Lochtiefen bei langsamer Drehzahl, bedingt durch großen Bohrerdurchmesser, nicht sehr häufig sind. Ausgesprochene Ausbohrarbeiten werden zudem auf Sondermaschinen ausgeführt, die sowieso dem besonderen Arbeitsgang weitgehend angepaßt werden. Da bei Bohrmaschinen also ein ganz genaues Einhalten der Schnittgeschwindigkeit keinen spürbaren wirtschaftlichen Vorteil bringt und auch bearbeitungsmäßig nicht erforderlich ist, kann die Stufung gröber sein. Die Drehzahländerung ist also nicht besonders häufig. Die Schalthäufigkeit ist trotzdem hoch, denn wenn die Bohrmaschine auch bei einem anderen Bohrerdurchmesser mit derselben Drehzahl laufen darf, so ist doch ein Anhalten der Maschine zum Werkzeugwechsel notwendig. Durch neuzeitliche Schnellwechselfutter läßt sich das Werkzeug allerdings auch bei laufender Spindel austauschen.

An das Bohren schließen sich Fräsen und Planschleifen an. Der Werkzeugdurchmesser ist nicht mehr an ein bestimmtes Maß gebunden, und so läßt sich hier durch die Abstimmung des Werkzeugdurchmessers mit den verfügbaren Drehzahlen eine erwünschte Schnittgeschwindigkeit leichter erzielen. Häufige Drehzahländerungen werden also gewöhnlich nicht auftreten. Das Kleinerwerden der Werkzeugdurchmesser durch das Nachschleifen und Abziehen setzt zwar die Schnittgeschwindigkeit herab, aber die dadurch bedingte Umschaltung auf eine andere Drehzahl ist so selten, daß sie für unsere Drehzahländerungsbetrachtung nicht beachtet zu werden braucht. Beim Fräsen und manchmal auch beim Schleifen ist trotzdem ein häufiges Schalten zu erwarten, wenn derselbe Motor Spindel und Vorschub treibt und wenn auf dieser Maschine oft zwischen Eilgang und Arbeitsvorschub gewechselt wird.

Schließlich gibt es noch Werkzeugmaschinen, die nur einen einzigen festen Werkzeugdurchmesser haben. Dieser Werkzeugdurchmesser läßt sich bei der Planung der Maschine natürlich so mit der zur Verfügung stehenden Lastdrehzahl abstimmen, daß die günstigste Schnittgeschwindigkeit genau eingehalten wird. Als Beispiel seien die Dicktenhobelmaschine und die Diskusschleifmaschine mit auswechselbaren Schleifsegmenten genannt. Bei der Dicktenhobelmaschine (Abb. 80) wird die Messerwellendrehzahl überhaupt nicht geändert, lediglich der Vorschub gestattet durch Änderung eine Anpassung an die jeweiligen Bearbeitungsanforderungen der verschiedenen Holzarten. Die Diskusschleifmaschine mit Segmentrad dient zum Rohschleifen gegossener Teile. Da der Schleifscheibendurchmesser praktisch immer gleich ist, braucht höchstens zur Bearbeitung eines anderen Werkstoffes die Drehzahl geändert zu werden.

**4. Schalthäufigkeit.** Jede Drehzahländerung bedingt eine Schaltung. Dazu kommt das Ein-, Um- und Ausschalten, also die reine Schalthäufigkeit. Auch hierbei gibt es bei den Werkzeugmaschinen alle Möglichkeiten von der durchlaufenden Maschine bis zum fast ununterbrochen schaltenden Automaten. Dicktenhobelmaschinen, Form- und Gravierfräser, Schwabbelscheiben, Schleifscheiben bei vielen Schleifmaschinen und noch andere Werkzeugmaschinen laufen durch und werden nur zu den Pausen und beim Arbeitsschluß ausgeschaltet. Im Gegensatz dazu müssen Gewindebohrmaschinen beispielsweise bei jedem gebohrten Loch mindestens zweimal schalten und vollselbsttätige Drehbänke oft mehrfach bei jedem Arbeitsstück.

Alle diese Angaben über Drehzahländerung und Schalthäufigkeit beziehen sich nur auf die Werkzeugspindel oder bei Schleifmaschinen und Drehbänken auf die Werkstückumdrehungen. Nur diese Drehzahlen haben bei Werkzeugmaschinen mit umlaufender Arbeitsbewegung Einfluß auf die Schnittgeschwindigkeit. Der Vorschub, der oft noch mehr Schaltungen machen muß als die Hauptspindel, ist hier nicht näher behandelt worden.

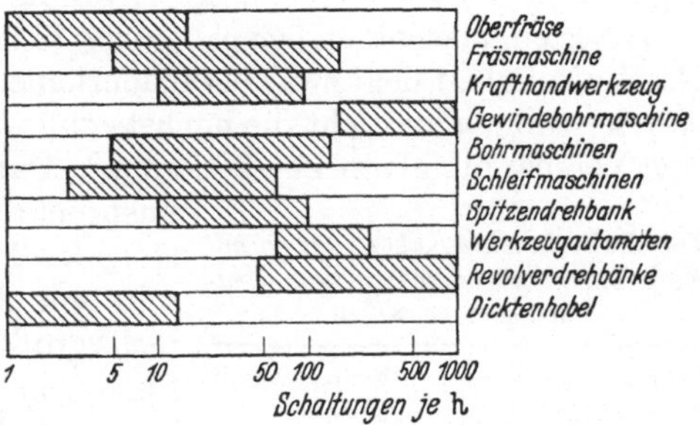


Abb. 3. Schalthäufigkeit bei Werkzeugmaschinen. Richtwerte. Einzelfälle können wesentlich abweichen.

Die Schalthäufigkeiten der Werkzeugmaschinenarten, bei denen hohe Drehzahlen nötig sind, sind in Abb. 3 schaubildlich aufgetragen, wobei teilweise an anderer Stelle veröffentlichte Werte benutzt sind[1]. Da auch innerhalb einer bestimmten Maschinenart die Anforderungen an die Werkzeugmaschine und auch ihre Bauart außerordentlich verschiedenartig sind, kann das Schaubild nur einen ungefähren Anhalt geben.

---

[1] Brödner-Wolf: Elektrotechnik im Betrieb.

## C. Mechanische Drehzahlerhöhung.

Es gibt seit langer Zeit verschiedene Möglichkeiten, um hohe Drehzahlen zu erzielen. Die dafür geeigneten Elektromotoren werden später behandelt. Neben dem Preßluftantrieb, der in diesem Abschnitt mit behandelt sei, kommen als rein mechanische Mittel der Riemenantrieb und die Zahnradübersetzung zur Drehzahlerhöhung in Betracht.

**5. Der Preßluftantrieb**[1] ermöglicht sehr hohe Drehzahlen. Sein Hauptnachteil ist seine Unwirtschaftlichkeit. Es treten Verluste auf im Kompressor, in den Leitungen, besonders an undichten Stellen, und schließlich im Arbeitsmotor selbst. Wenn auch der Wirkungsgrad des Preßluftmotors z. B. für Krafthandwerkzeuge bei 50% liegt, wird doch der Gesamtwirkungsgrad einer Preßluftanlage nicht über 25% zu bringen sein. Da aber Preßluftwerkzeuge sehr leicht gebaut werden können, nimmt man hierbei den schlechten Wirkungsgrad und die Unbequemlichkeiten der großem Verschleiß ausgesetzten Druckluftleitungen in Kauf. Derartige Werkzeuge erreichen sehr hohe Drehzahlen, allerdings mit

Abb. 4.   Druckluft-Schleifgriffel.   Länge 180 mm; Gewicht 550 g; Schleifstift-Durchm. bis 8 mm; Leerlaufdrehzahl 100 000 U/min; Betriebsdruck 3—6 atü.   (Drumag, (17b) Altenburg, Lk. Waldshut)[2].

großem Drehzahlabfall zwischen Leerlauf und Voll-Last. Abb. 4 zeigt einen Druckluftschleifgriffel, der 100 000 U/min im Leerlauf macht. Es sei noch erwähnt, daß die höchste auf der Welt bisher — versuchsmäßig — erzielte Drehzahl von fast 1 000 000 U/min mit einem Preßluftantrieb erreicht wurde. Bei diesem Antrieb „schwimmt" der Läufer frei auf einem Druckluftstrom.

**6. Riemenantrieb.** Hohe Drehzahlen sind nicht Selbstzweck, sondern dienen der Wirtschaftlichkeit und der Steigerung der Arbeitsgüte. Daher darf der Antrieb zur Erzielung dieser hohen Drehzahl keinen hemmenden Einfluß auf die Arbeitsgüte haben. Es verbieten sich also zunächst alle Riemenarten, die durch eines der üblichen Riemenschlösser verbunden sind.

Lederriemen müssen durch Leimung verbunden sein, Keilriemen und Geweberiemen müssen endlos hergestellt werden. Die Grenze der erreichbaren Drehzahlen liegt durch die Riemenhöchstgeschwindigkeit fest. Diese beträgt für Flachriemen an Werkzeugmaschinen beispielsweise 35 m/s und für Keilriemen 25 m/s. Bei dieser Geschwindigkeit liegt zwar bei Flachriemen auch der Höchstwert der übertragbaren Nutzleistung, aber nicht die höchste zulässige Nutzspannung. Der Riemen braucht eine Vorspannung von 17—20 kg/cm². Damit werden aber auch die Lager stark beansprucht. Da der Achsabstand außerdem mindestens 3—4 mal Durchmesser der größeren Scheibe sein soll, baut der Riementrieb mit Flachriemen recht groß. Die erzielbare höchste Übersetzung ohne Spannrolle ist 1 : 5.

Etwas besser ist der Keilriemen. Hier lassen sich die Achsen bedeutend dichter zusammenbauen. Es wird allerdings der Umschlingungswinkel kleiner und damit sinkt die übertragbare Leistung, wie Tabelle 2 zeigt.

Tabelle 2. *Leistungsübertragung mit Keilriemen bei verschiedenen Umschlingungswinkeln.*

| Umschlingungs-winkel | Übertragbare Leistung |
|---|---|
| 180° | 100% |
| 150° | 92% |
| 120° | 81% |
| 90° | 68% |

Bei Keilriemen ist außerdem zu berücksichtigen, daß die Biegewechselzahl höchstens 40/s werden darf. Hiermit ist festgelegt, wie oft eine bestimmte Riemenstelle

---

[1] Vgl. W.-B. Heft 79 „Maschinelle Handwerkzeuge".

[2] In den Abb.-Unterschriften ist der vollständige Name der Firmen nur das erstemal ausführlich, bei Wiederholungen gekürzt angegeben. Es wird gebeten, auch die Fußnote Seite 56 zu beachten.

je Sekunde über der kleinen Rolle gebogen werden darf. Daraus ergibt sich dann
der Mindestabstand der Riementriebachsen. Hieraus errechnet sich z. B., daß ein
Antriebmotor mit 2800 U/min eine Scheibe von 150 mm $\emptyset$ haben müßte, um auf
eine 30 mm $\emptyset$ Scheibe (kleinste genormte Keilriemenscheibe) 0,5 PS bei 14 000
U/min zu übertragen. Der Keilriemen müßte dabei wegen der Höchstbiegewechsel-
zahl mindestens 630 mm lang sein. Damit hat aber dieser Riementrieb auch schon
einen größeren Platzbedarf.

Mit den Lederriemen und den Keilriemen ist eine Drehzahlerhöhung über
15 000 U/min nur sehr selten und nur mit großem Aufwand möglich. Wesentlich
besser sind hier die Geweberiemen, die für kleine Scheibendurchmesser und hohe
Riemengeschwindigkeiten geschaffen worden sind. Hierzu gehören die Haarriemen,
Baumwoll- und Seidenriemen und Hanfriemen und -gurte. Auch die Balata- und
Gummiriemen gehören in weiterem Sinne dazu. Die zulässigen Spannungen für
diese Riemen sind:

Tabelle 3. *Riemenspannung.*

| Haarriemen . . . . . | 22— 50 kg/cm² | Balatariemen . . . . | 35—70 kg/cm² |
| Seidenriemen . . . . | 60—100 „ | Gummiriemen . . . . | 30—60 „ |

Diese Riemen haben sich zur Erzielung höchster Drehzahlen recht gut eingeführt.

Allen Riementrieben ist gemeinsam, daß sie mit einer gewissen Riemenspannung
laufen müssen. Diese Riemenspannung versucht die Arbeitsspindel zu verbiegen.
Diese dauernden Verbiegungen setzen vor allem die Lebensdauer und Genauigkeit
der Lager stark herab. Deshalb ist man schon seit langem bestrebt, den schädlichen
Riemenzug von den Arbeitsspindeln fernzuhalten. Dies geschieht beispielsweise bei
Drehbänken durch eine Hülse, die im Spindelstock gelagert ist und die Riemen-
scheibe trägt. Diese Hülse überträgt dann die Drehbewegung auf die völlig ent-
lastete Spindel. Derartige Konstruktionen sind aber für Innenschleifspindeln und
ähnliche Bauteile nicht anwendbar, da sie zuviel Platz benötigen. Hier hat man
sich durch stark überbemessene mehrfache Lager zu helfen gesucht. Es sind also
immer erhebliche Schwierigkeiten zu beseitigen, wenn der Riemenzug unschädlich
gemacht werden muß.

Riementriebe haben einen großen Platzbedarf. Dieser Platzbedarf wird um so
größer, je höher die Riemengeschwindigkeit wird, da dann die Höchstbiegewechsel-
zahl mitbestimmend wird. Trotzdem ist der Riemenverbrauch noch recht hoch,

**7. Zahnradübertragung.** Die Zahnradübertragung hat sich bisher sehr wenig
zur Erreichung hoher Drehzahlen durchgesetzt (z. B. Antrieb von Zentrifugen). Für
den Werkzeugmaschinenbau liegt die Schwierigkeit hauptsächlich darin, daß auch
bestens bearbeitete Zahnräder beim Schliffbild Rattermarken ergeben können. Das
ergibt sich aus der Zahnradübertragung an sich, die nicht die bei Feinstbearbeitung
erforderliche sehr genaue Gleichförmigkeit der Drehbewegung zu erzielen gestattet.
Da diese Gleichförmigkeit aber nicht überall so scharf eingehalten zu werden braucht,
haben sich Zahnradgetriebe in anderen Zweigen des Maschinenbaues, wie z. B. im
Arbeitsmaschinenbau, sehr gut eingeführt. Bei Werkzeugmaschinen, an die nicht
höchste Ansprüche gestellt werden, ist selbstverständlich das übliche Zahnradgetriebe und -vorgelege vorhanden. Sogar bei den Feinstbearbeitungsmaschinen sind
Getriebe vorhanden. Nur wird hier zwischen Getriebe und Arbeitsspindel bei guten
Maschinen ein elastisches Zwischenglied, z. B. ein endloser Riemen eingeschaltet.

Alle oben angeführten Fälle gelten aber, soweit sie Werkzeugmaschinen be-
treffen, nicht für hohe Drehzahlen. Dafür liegen noch nicht genügend Erfahrungen
vor. Es ist aber schon zu erkennen, daß derartige Getriebe für Drehzahlerhöhung

sehr teuer werden. Ganz abgesehen von der genauen und sorgfältigen Lagerung der Achsen müßten die Zahnräder für Drehzahlen von 10—15 000 U/min besonders geschliffen und für eine sehr gute Schmierung müßte gesorgt sein, da derartige Getriebe auf Erwärmung berechnet werden müssen.

Aus Abschnitt 6 und 7 ergibt sich, daß das meistverbreitete mechanische Mittel zur Erzeugung hoher Drehzahlen noch immer der Riementrieb ist. Er ist verhältnismäßig billig in der Anschaffung — auch bei einer hochdrehzahligen Maschine, für die oft Sonderausführungen wie z. B. der SIEGLING-Riemen (Kunststoff-Riemen) genommen werden — und er ist ein einfaches Maschinenbauteil.

## II. Schnellaufende Elektromotoren.

### A. Drehstrom-Käfigläufermotoren — elektrische Verhältnisse.

**8. Asynchronmotor.** Soweit irgend durchführbar, treibt man Arbeitsmaschinen durch Drehstrom-Asynchronmotoren (gr. synchron = gleichlaufend, asynchron = nichtgleichlaufend, d. h. „mit Schlupf") an. Dabei wird die einfachste Form mit

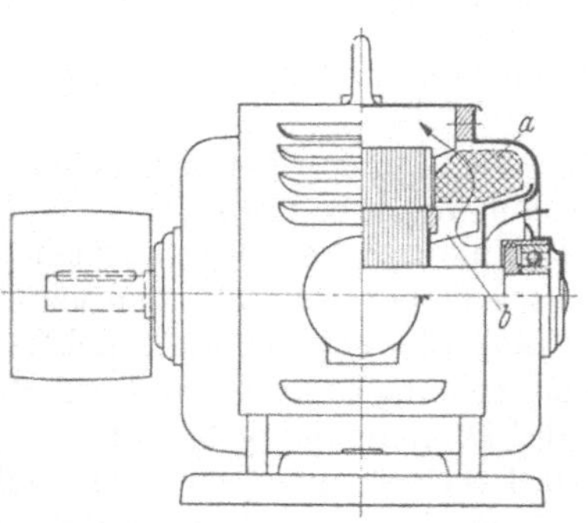

Abb. 5. Käfigläufermotor. *a* Ständerwicklung; *b* Lüfterfahne. Der Pfeil bezeichnet den Weg der Kühlluft.

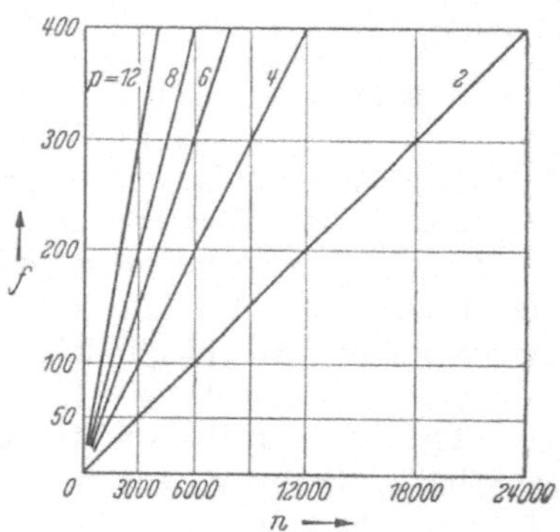


Abb. 6. Zusammenhang zwischen Drehzahl *n*, Frequenz *f* und Polzahl *p* eines Käfigläufermotors. Die Drehzahlwerte sind theoretische, die wirklichen liegen infolge Schlupf niedriger (vgl. Kap. VI. Normung).

Käfigläufer (Abb. 5) vorgezogen. Wird die Ständerwicklung eines derartigen Motors an ein Drehstromnetz angeschlossen, so entsteht ein umlaufendes magnetisches Feld (Drehfeld), das in der kurzgeschlossenen Läuferwicklung eine Spannung erzeugt, die ihrerseits wieder einen Strom und damit ein Magnetfeld im Läufer zur Folge hat. Das Drehfeld bildet so in Verbindung mit dem induzierten Läuferfeld ein Drehmoment, das den Läufer im Sinne des umlaufenden Drehfeldes zu beschleunigen sucht. Ist die Umlaufgeschwindigkeit von Ständerdrehfeld und Läufer genau gleich, so spricht man von synchronem Lauf. Bezeichnet man die Frequenz des vorhandenen Stromes mit *f*, die Motorpolzahl mit *p* und die synchrone Drehzahl mit *n*, so läßt sich der zwischen diesen Werten bestehende Zusammenhang durch die Gleichung $n = \dfrac{f \cdot 120}{p}$ ausdrücken (Tabelle 4 und Abb. 6). Bei dieser Drehzahl können die Kraftlinien des Ständerdrehfeldes die Stäbe der Läuferwicklung nicht mehr schneiden, so daß in diesen keine Spannung induziert werden kann. Dadurch wird der Läuferstrom und damit gleichzeitig das Drehmoment gleich Null. Die Aufgabe eines Motors besteht darin, daß er ein Drehmoment, d. h. also eine Leistung abgibt. Ein Drehmoment ist aber nur dann vorhanden, wenn die Kraftlinien des Ständerdrehfeldes die Läuferwicklung schneiden, d. h. der Motor muß

Tabelle 4. *Theoretische Nenndrehzahlen bei verschiedenen Polzahlen und Frequenzen.*

| Polzahl | Frequenz | | | | | |
|---|---|---|---|---|---|---|
| | 50 | 100 | 150 | 200 | 300 | 400 |
| 2 | 3000 | 6000 | 9000 | 12 000 | 18 000 | 24 000 |
| 4 | 1500 | 3000 | 4500 | 6 000 | 9 000 | 12 000 |
| 6 | 1000 | 2000 | 3000 | 4 000 | 6 000 | 8 000 |
| 8 | 750 | 1500 | 2250 | 3 000 | 4 500 | 6 000 |
| 12 | 500 | 1000 | 1500 | 2 000 | 3 000 | 4 000 |

mit einer von der Synchrondrehzahl abweichenden Drehzahl — also asynchron — umlaufen. Diese Eigenart hat zu der Bezeichnung „Asynchronmotor" geführt. Das Zurückbleiben der Drehzahl hinter der synchronen Drehzahl — der sogenannte Schlupf — ändert sich mit der Motorbelastung, und zwar zwischen Halb- und 5/4-Last etwa verhältnisgleich mit der Belastungsänderung. Bei Vollast beträgt der Schlupf handelsüblicher Motoren je nach Motorgröße ungefähr 3—6% der synchronen Drehzahl. Durch Änderung des Läuferwiderstandes kann der Konstrukteur den Schlupf in kleinen Grenzen den Betriebserfordernissen anpassen.

**9. Drehmomente, Belastungen.** Je nach dem Betriebszustand des Motors fallen dem vorhandenen Drehmoment verschiedene Aufgaben zu. Beim Anlauf muß das Drehmoment die Reibung der Ruhe und etwa vorhandene Gegenmomente überwinden, sowie die Massen beschleunigen, während beim Hochlauf zur Lagerreibung noch die mit der Drehzahl stark wachsende Luftreibung, sowie vielfach Gegenmomente hinzukommen. Das darüber hinaus verfügbare Drehmoment dient zur Beschleunigung der sich drehenden Teile. Ist die Nenndrehzahl erreicht, so hängt die Größe des Drehmoments, das der Motor aufbringen muß, abgesehen vom erforderlichen Leerlaufkraftbedarf, von den durch die Betriebsbedingungen festgelegten Gegenmomenten ab.

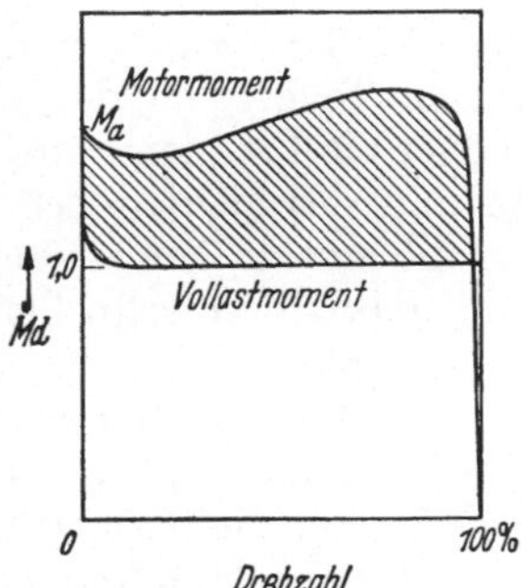


Abb. 7. Momentenverlauf beim unmittelbaren Einschalten eines Käfigläufermotors. Anlaufmoment $M_a$ liegt höher als Vollastmoment. Schraffierte Fläche zeigt Überschuß des Motormomentes gegenüber dem verlangten Vollastmoment. Anlauf hier unter Vollast.

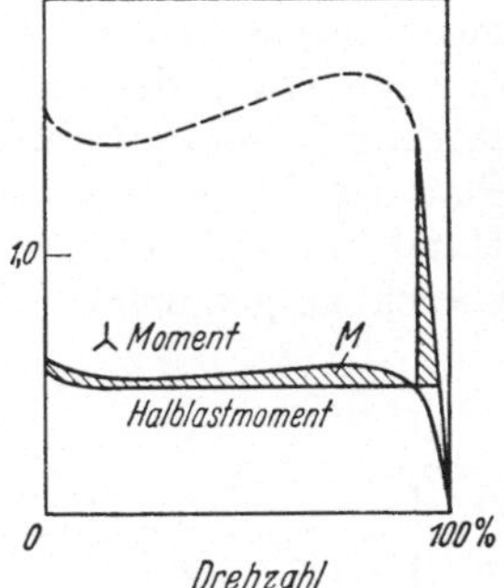


Abb. 8. Momentenverlauf beim $\lambda$-$\Delta$-Einschalten eines Käfigläufermotors. Anlauf im Leerlauf benötigt kleineres Anlauf- und Hochlaufmoment. Nur das Halblastmoment ist zu überwinden. Motor wegen kleineren Anlaufstromes zunächst in $\lambda$ an Netz. Wenn Motormoment $M$ bis auf Gegenmoment absinkt, umschalten auf $\triangle$.

In den „Regeln für Bewertung und Prüfung von elektrischen Maschinen" — REM[1] — sind die Grenztemperaturen festgelegt, welche ein Motor im Dauerbetrieb erreichen darf. Das Drehmoment, das der Motor dabei ebenfalls im Dauerbetrieb abgeben kann, wird als Nennmoment bezeichnet, wobei die übrigen Momente als Vielfache dieses Momentes ausgedrückt werden. Außer dem Anlauf- ($M_a$), dem Hochlauf-($M_h$) und dem Nennmoment ($M_n$) unterscheidet man noch das Kippmoment ($M_k$). Wird dieses Moment im Betrieb überschritten, so bleibt der Motor stehen, er „kippt".

Für den Hochlauf spielt der Verlauf der Drehmomentenkurve (Abb. 7 und 8) eine große Rolle, besonders wenn bei Zwischendrehzahlen die Gefahr besteht, daß z. B. durch eine Unwucht Schwingungen auftreten. Diese Eigenschwingungen

---

[1] Aufgestellt vom Verband deutscher Elektrotechniker, erhältlich im Buchhandel.

können bei den sog. kritischen Drehzahlen so groß werden, daß infolge der Durchbiegung der Welle Störungen, häufig sogar Zerstörungen, auftreten. Besitzt die Hochlaufkurve eines Motors bei der kritischen Drehzahl eine Einsattelung und ist das für die Beschleunigung verfügbare Moment dabei niedrig, so können die durch die Schwingungen bedingten Leistungsverluste so groß werden, daß das zum Hochlauf erforderliche Überschußmoment nur noch einen schleichenden Hochlauf zuläßt. Ist dieses Überschußmoment zu klein, so ist kein Hochlauf mehr möglich, und der Motor bleibt im Bereich der kritischen Drehzahl stecken. In beiden Fällen ist der

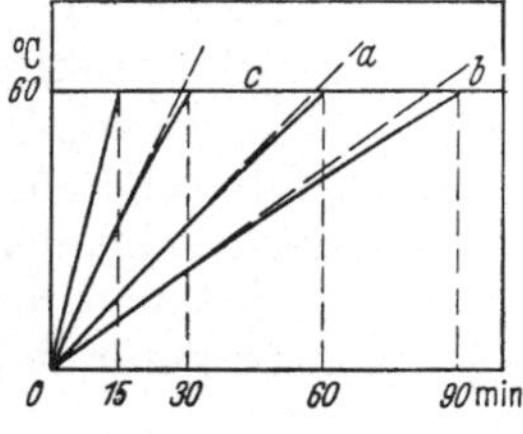
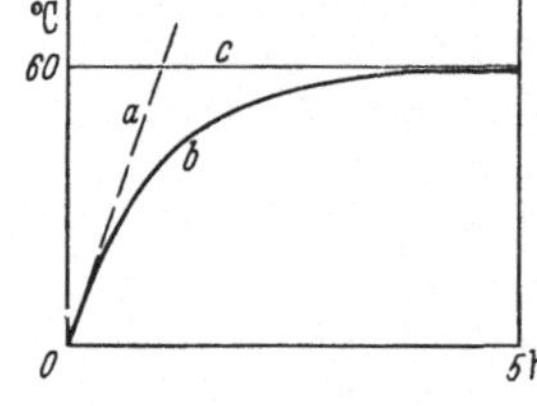
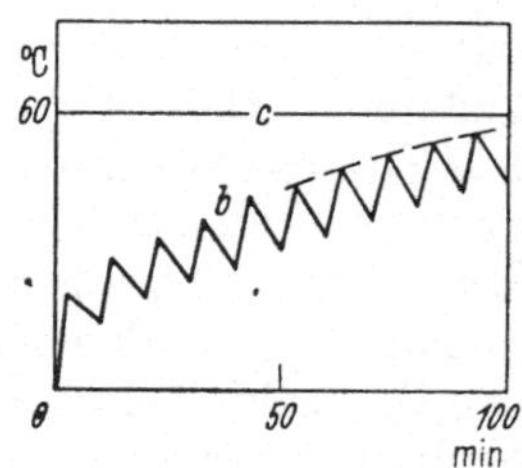

Abb. 9. Dauerbetrieb.          Abb. 10. Kurzzeitbetrieb.          Abb. 11. Aussetzbetrieb.

Abb. 9—11. Motorerwärmung bei verschiedenen Betriebsarten.
*a* Motorerwärmung ohne Wärmeabfuhr;  *b* Motorerwärmung mit Wärmeabfuhr;  *c* Grenzübertemperatur nach REM.

mechanische Teil sehr stark gefährdet. Sorgsame Ausbildung des mechanischen und richtige Wahl des elektrischen Teiles sind daher die Vorbedingungen für einen störungsfreien Betrieb. Je höher die Frequenz wird, um so mehr müssen die mit der Planung des mechanischen und des elektrischen Teiles beauftragten Ingenieure Hand in Hand arbeiten und die einzeln gemachten Erfahrungen austauschen. Die manchmal geäußerte Ansicht, daß ein zu schneller Hochlauf nachteilig sei, dürfte

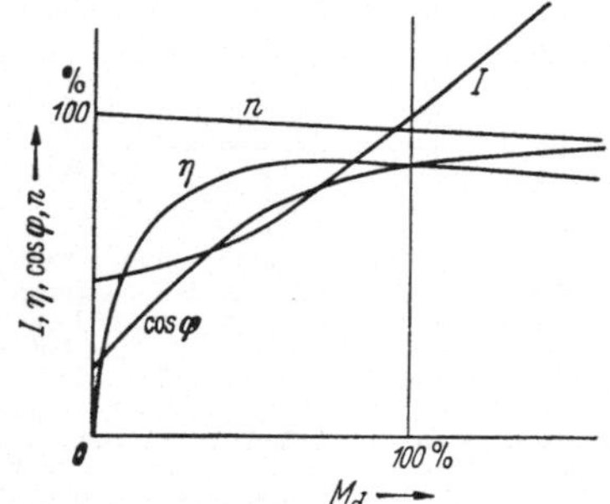

Abb. 12. Abhängigkeit des Motorstromes *I*, der Drehzahl *n*, des Leistungsfaktors cos φ und des Wirkungsgrades η von der Belastung (Drehmoment $M_d$) bei Drehstrom-Asynchronmotoren.

wenigstens für Werkzeugmaschinen nicht zutreffen. Der Sonderfall, daß bei Schleifscheiben durch ungleichmäßig aufgenommene Feuchtigkeit eine zusätzliche Unwucht entstehen kann, dürfte bei Schnellfrequenzmotoren kaum von Bedeutung sein. Bei den hochdrehzahligen Werkzeugmaschinenantrieben kann fast immer mit Leeranlauf gerechnet werden, wobei zu beachten ist, daß mit steigender Drehzahl die Luftreibungsverluste sehr schnell anwachsen.

Ist die Betriebsdrehzahl erreicht. so können je nach der Eigenart der Werkzeugmaschine und der jeweiligen Bearbeitungsaufgabe die verschiedensten Belastungsspiele auftreten. Der Motor kann dauernd unter Vollast laufen, es kann aber auch Vollast mit Teillast oder Leerlauf wechseln, oder Überlast mit Leerlauf, wobei der zeitliche Anteil des einzelnen Belastungszustandes die verschiedensten Werte annehmen kann. Als weitere Betriebsmöglichkeiten sind noch der Wechsel zwischen irgendeinem Belastungszustand und Stillstand, sowie häufiger Drehrichtungswechsel zu erwähnen. Jeder Belastung entspricht ein bestimmter Strom und damit eine bestimmte Motorerwärmung (Abb. 9—11). Aufgabe der Planung ist es, dafür zu sorgen, daß die nach REM vorgeschriebenen Erwärmungsgrenzen nicht überschritten werden. Bei Drehstrommotoren hängt die Stromaufnahme sehr stark vom Leistungsfaktor cos φ und vom Wirkungsgrad η ab, wobei diese Werte sich ihrerseits wieder mit der Belastung ändern (Abb. 12). Drückt man die Spannung an den Motorklemmen mit $E$ und den Strom je Phase mit $I$ aus, so ergibt sich die Motorleistung zu: $N = \sqrt{3}\,E \cdot I \cdot \cos\varphi \cdot \eta$. Besonders bei kleinen Motoren ist der Leerlaufstrom oft schon verhältnismäßig groß, so daß bis zur Vollast kaum eine Zunahme zu bemerken ist.

**10. Spannungen und Ströme.** Bei der Angabe der Motorspannung ist stets auch die Frequenz $f$ zu beachten. Die Frequenz und die Spannung hängen zusammen nach der Gleichung: $E = c \cdot \Phi \cdot f$. Dabei ist $c$ eine Motorkonstante und $\Phi$ der magnetische Fluß, mit dessen Änderung sich auch die Motoreigenschaften ändern. Weiterhin ist zu unterscheiden, ob die Spannung sich auf eine Stern- oder eine Dreieckschaltung der Motorwicklung bezieht (Abb. 13 u. 14). Bei Dreieckschaltung steht jede Spule unter der Spannung einer Phase, z. B. 380 Volt. Bei Stern-schaltung sind je zwei Spulen hinterein-ander geschaltet, dadurch verringert sich die Spannung je Spule auf $380/\sqrt{3} = 220$ Volt. Zugleich wird damit auch die Stromstärke auf $1/\sqrt{3}$ ihres vorherigen Wertes verkleinert, so daß Drehmoment und Leistung auf $\dfrac{1}{\sqrt{3}\cdot\sqrt{3}} = \dfrac{1}{3}$ ihres vor-herigen Wertes sinken. Gleichzeitig ver-ringert sich der Ständerstrom im selben Ausmaß. Die Stern-Dreieck-Schaltung ist demnach zur Herabsetzung der Strom-aufnahme — verringerte Netzbelastung im Augenblick der Motoreinschaltung — und zur Herabsetzung des An- und Hoch-laufmomentes, also Langsamanlauf (Schleifscheiben) von größter Wichtig-

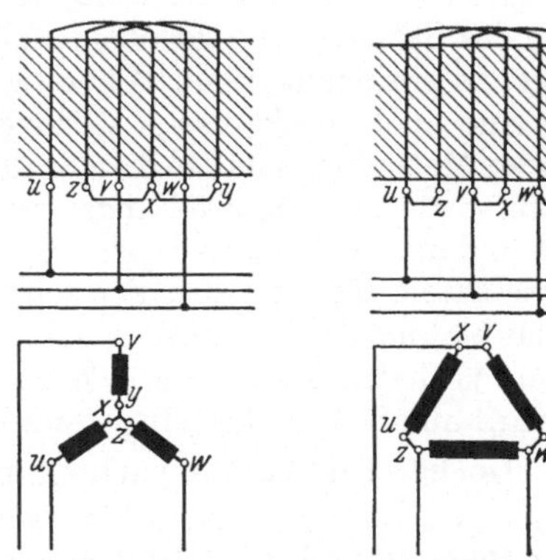

Abb. 13. Sternschaltung der Ständerwicklung. Y-Wickelschema und Schaltskizze.

Abb. 14. Dreieckschaltung der Ständerwicklung. Δ-Wickelschema und Schalt-skizze.

keit. Weiterhin ergibt sich, daß bei konstanter Frequenz jeder Änderung der Spannung eine ebensolche des Kraftflusses und eine entsprechende quadratische Änderung der Momente entspricht. Wird dagegen bei einem Motor die zugeführte Spannung im gleichen Maße wie die Frequenz geändert, so bleiben der Kraftfluß und damit auch der Strom je Phase ebenso wie die Momente gleich. Die Motor-leistung und die Drehzahl ändern sich dagegen im selben Maße wie die Frequenz.

**11. Erwärmung.** Bei der Erklärung des Begriffes Nennmoment ist die Grenz-temperatur nach REM erwähnt worden. Die Motorerwärmung hängt hauptsäch-lich von den Kupfer- oder OHMschen Verlusten in Ständer und Läufer ab, welche sich quadratisch mit den Strömen, und von den Eisen- oder magnetischen Ver-lusten, die sich quadratisch mit der Spannung ändern. Die Läuferverluste sind ferner dem Motorschlupf verhältnisgleich, d. h. bei Stillstand wird die gesamte dem Läufer zugeführte Energie in Wärme umgesetzt, während im synchronen Lauf diese Verluste Null sind. Beim Hochlauf wird also etwa die Hälfte der dem Läufer zu-geführten Energie in Wärme umgesetzt. Beim unmittelbaren Drehrichtungswechsel wird zunächst die Drehzahl auf Null abgebremst. Dabei wird die ganze zugeführte Energie und dazu noch die im Läufer steckende kinetische Energie in Wärme verwandelt. Beim unmittelbaren Umschalten wird die im Läufer entstehende Wärmemenge viermal so groß wie beim gewöhnlichen Anlauf. Dabei ist zu beachten, daß die erzeugte Wärme von der Anlaufzeit und diese wieder vom verfügbaren Beschleunigungsmoment, den Gegenmomenten und der jeweiligen Enddrehzahl abhängig ist und daß diese Wärmemengen bei jedem Anlauf und jedem

Drehrichtungswechsel wieder neu auftreten. Die Stromaufnahme eines Motors ist einerseits von seiner Auslegung, andererseits von seiner Belastung abhängig. In der Nähe der Nenndrehzahl ändert sich der Strom ungefähr im gleichen Verhältnis wie die Belastung, während in der Nähe des Kippunktes einer geringen Belastungsänderung große Stromschwankungen entsprechen. Größere Ströme bedingen die Entstehung größerer Wärmemengen. Zur Vermeidung einer unnötigen Erwärmung soll man deshalb nicht im Kippbereich arbeiten. Dies ist besonders zu beachten, wenn häufig Überlastungen auftreten. Eine Änderung der Auslegung zwecks Verringerung der Stromaufnahme ist nur dann möglich, wenn die gleichzeitig mit herabgesetzten Momente für einen einwandfreien Betrieb noch ausreichen. Zur Motorerwärmung tragen ferner die sich zum Teil quadratisch mit der Frequenz ändernden Wirbelstrom- und Magnetisierungsverluste bei. Durch Sonderausführungen des Ständer- und gegebenenfalls auch des Läuferblechpaketes können diese Verluste in geringem Ausmaß herabgesetzt werden. Außer den elektrischen Verlusten sind auch mechanische Verluste zu berücksichtigen, von denen bei schnelllaufenden Motoren besonders die mit der Drehzahl stark anwachsenden Luftreibungsverluste sowie die Lagerreibungsverluste wichtig sind. Zu starkes, zu schwaches Fetten und unzweckmäßiges Schmiermaterial können zu zusätzlichen Verlusten und Lagerdefekten führen. Jeder mechanische Verlust tritt als eine Erhöhung der Stromaufnahme in Erscheinung. Er muß also vorher bei der Beurteilung der elektrischen Verhältnisse mit berücksichtigt werden. Auf die mechanischen Verhältnisse wird auf S. 17 näher eingegangen.

**12. Hochdrehzahliger Asynchronmotor.** Zieht man aus diesen allgemein gültigen Bedingungen die Folgerungen für hochdrehzahlige Motoren, so zeigt sich, daß man bei der Planung und im Betrieb eine ganze Reihe von Einzelheiten beachten muß, um bei bester Ausnützung der Motoren einen einwandfreien Betrieb sicherzustellen. Es wird sich in jedem Falle darum handeln, alle Maßnahmen zu treffen, um die Motorerwärmung in den zulässigen Grenzen zu halten, ohne daß dabei die Motormomente zu klein werden. Ist einmal ein Motor für eine bestimmte Spannung und Frequenz für Dauerbetrieb und Vollast ausgelegt, so bedeutet jede Abweichung von dieser Auslegung im späteren Betrieb auch eine Änderung der Erwärmung. Bei geringerer Belastung, gleichgültig, ob es sich dabei um Aussetzbetrieb oder um dauernde Unterbelastung handelt, wird die Motorerwärmung geringer. Das bedeutet, daß der Motor unwirtschaftlich arbeitet, da ein kleinerer Motor den gestellten Anforderungen auch genügen würde. Gefährlich ist eine stärkere Belastung, als sie bei der Motorwahl zugrunde gelegt war. Durch die Überbelastung, sei es dauernd, sei es durch zu häufige Belastungen, Anlaßvorgänge oder Drehrichtungswechsel, wird die Erwärmung zu hoch. Es ist also ein größerer Motor vorzusehen oder die mechanische Belastung so weit zu senken, daß die Grenztemperatur nicht mehr überschritten wird. Bei sehr hoher Schalthäufigkeit kann der Fall eintreten, daß besonders beim Vorhandensein großer Schwungmassen und einer hohen Enddrehzahl im Hinblick auf die Erwärmung die mechanische Belastbarkeit nur noch einem Bruchteil der Nennleistung des Motors entspricht.

Wird ein für 220 Volt 50 Hz gewickelter Motor in gleichbleibender Schaltung (z. B. Sternschaltung) an ein 100 periodiges Netz angeschlossen, so müßte nach der Gleichung: $E = c \cdot \Phi \cdot f$ die Spannung auf 440 Volt heraufgesetzt werden, wie es auch bei den ersten Anlagen gemacht wurde. Mit Rücksicht auf die höheren Eisenverluste infolge der erhöhten Frequenz müßte nun die Nennleistung soweit herabgesetzt werden, daß die Grenztemperatur nicht überschritten wird, oder es müßte durch Änderung der Auslegung der Strom im entsprechenden Ausmaß verringert werden. Ein Vergleich dieser beiden Lösungen ergab in Verbindung mit der wirtschaftlichen Überlegung, daß eine anomale Motorwicklung unter allen Umständen unwirtschaftlich ist, als günstigste Spannung für diesen Fall 380 Volt. Ebenso wäre ein für 380 Volt 50 Hz gewickelter Motor bei gleichbleibender Schaltung (z. B. Dreieckschaltung) an 660 Volt 100 Hz anzuschließen. Ein für 220/380 Volt 50 Hz ausgelegter Motor (also für Stern-Dreieck-Schaltung gewickelt) könnte demnach (ebenfalls in Stern-Dreieck-Schaltung) theoretisch an 380/660 Volt 100 Hz angeschlossen werden (siehe hierzu auch Abschn. 13: höchstzulässige Spannung 550 Volt). Voraussetzung ist dabei, daß der Motor rein mechanisch eine erhöhte Drehzahl vertragen kann.

Im übrigen wäre mit der durch die Frequenz erhöhten Drehzahl eines Motors folgende Leistungserhöhung verbunden: Bei Herstellung des Motors unter Verwendung verlustarmen Bleches gegenüber 50 Hz bei 75 Hz etwa 30%, bei 100 Hz etwa 70% und bei 125 Hz etwa 100%; bei gewöhnlichem Blech sind die entsprechenden Werte etwa 20% bei 75 und 50% bei 100 Hz. Ein Anschluß an Strom von 125 oder mehr Hz hat unter allen Umständen die Verwendung von Sondermotoren zur Voraussetzung.

Um auch bei den Induktionsumformern (Frequenzwandlern) eine Vereinfachung zu bekommen, wurde für 75 Hz eine Spannung

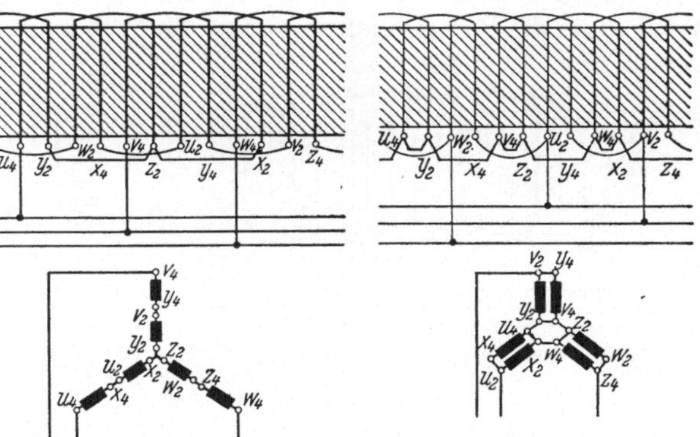

Abb. 15. 4polig geschaltet, niedrige Drehzahl.

Abb. 16. 2polig geschaltet, hohe Drehzahl.

Abb. 15 u. 16. Polumschaltbare Ständerwicklung. Wicklungsschema und Schaltskizze.

von 285 Volt festgelegt, womit ein für 220/380 Volt, 50 Hz gewickelter Motor auch an 285 Volt, 75 Hz ohne weiteres angeschlossen werden kann. Bei einer weiteren Frequenzerhöhung ist zu beachten, daß die Spannung mit Rücksicht auf die Vorschriften der REM nicht beliebig gesteigert werden darf. Im übrigen sei mit Rücksicht auf die Wichtigkeit nochmals darauf hingewiesen, daß jeder Spannungsherabsetzung, d. h. Verringerung des Kraftflusses, eine entsprechende quadratische Momentherabsetzung entspricht.

Aus der Gleichung $n = \dfrac{f \cdot 120}{p}$ ergibt sich, daß bei Drehstromkäfigläufermotoren eine Änderung der Drehzahl nur durch eine Änderung der Polzahl oder der Frequenz oder beider gleichzeitig möglich ist. Bei 50 periodigem Strom sind unter Verwendung der für Werkzeugmaschinenantriebe im allgemeinen üblichen Motorpolzahlen ohne Benutzung von Getrieben die in Tabelle 4 (S. 11) angegebenen Nenndrehzahlen möglich. Diese Drehzahlen sind die theoretischen Synchrondrehzahlen, die in der Praxis nicht erreicht werden, da der Schlupf hierbei nicht berücksichtigt ist. Genaueres über die tatsächlich zu errechnenden Drehzahlen beim Schnellfrequenzantrieb findet sich im Kapitel VI „Normung" (S. 62). Für Drehzahlen über 2800/min oder für Zwischendrehzahlen zwischen 1400 und 2800/min muß von der Frequenzumformung Gebrauch gemacht werden.

Soll ein Motor in der Lage sein, ohne Änderung der Netzfrequenz mit verschiedenen Drehzahlen zu laufen, so wird er polumschaltbar ausgeführt. Dabei ist zu unterscheiden zwischen den Motoren mit nur einer umschaltbaren Wicklung und den Motoren mit mehreren gesonderten Wicklungen (Abb. 15—18), wobei für jede Drehzahl eine eigene Wicklung vorhanden sein kann, oder aber jede Wicklung wieder umschaltbar ist. Die elektrischen und wirtschaftlichen Verhältnissse setzen die Grenze bei 4 Drehzahlen, die auf zwei umschaltbare Wicklungen verteilt sind. Der Vorteil einer umschaltbaren Wicklung besteht darin, daß aus einem Motor von gegebener Größe ein Höchstmaß an Leistung herausgeholt werden kann, der Nachteil darin, daß die Wicklung im allgemeinen nur für Anschluß an eine Spannung geeignet ist und die Hochlaufkurve gewöhnlich nicht bei beiden Drehzahlen gleichmäßig sein kann. Der Vorteil der getrennten Wicklung liegt in der Möglichkeit, diese für zwei Spannungen auszulegen, und für jede Drehzahl eine günstige Momentenkurve zu erzielen, ihr Nachteil in der niedrigen Motorleistung, bezogen auf eine gegebene Motorgröße, in der sogen. schlechten „Modellausnutzung". Wird außer der Polumschaltung auch die Frequenzänderung zur Drehzahländerung

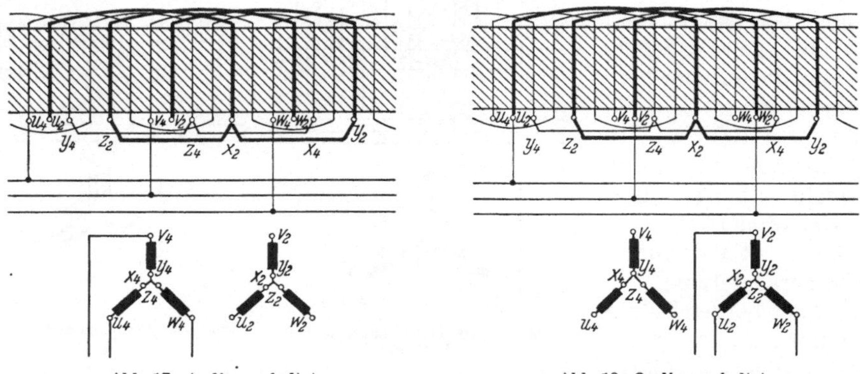

Abb. 17. 4polig geschaltet.　　　　　　　　Abb. 18. 2polig geschaltet.

Abb. 17 u. 18. Polumschaltung mit zwei getrennten Ständerwicklungen. Wickelschema und Schaltskizze.

herangezogen, so ergibt die Möglichkeit, getrennte Wicklungen für ganz unterschiedliche Spannungen und Frequenzen auslegen zu können, eine große Mannigfaltigkeit in der Planung drehzahlveränderlicher Motoren.

**13. Antrieb durch verschiedene Schnellfrequenzen.** Genau wie bei der Polumschaltung nur eine stufenweise Drehzahländerung erreicht werden kann, ist dies gewöhnlich auch bei der Frequenzänderung der Fall, da die erzeugte Frequenz von der Polzahl des Induktionsumformers und des dazu gehörigen Antriebsmotors abhängt. Die Erzeugung beliebiger Frequenzen durch Antrieb des Induktionsumformers mittels eines stufenlos verstellbaren Motors ist ein ausgesprochener Sonderfall. Während bei der Polumschaltung der höchstmögliche Stufensprung davon abhängt, welche Nutenzahl im Ständer Platz hat und wieviel Nuten je Pol mit Rücksicht auf die Feldkurve erforderlich sind, spielt beim Anschluß eines Motors an Netze verschiedener Frequenz die Spannung und die Größe der Momente die ausschlaggebende Rolle. Für jeden Motor gibt es im Hinblick auf den verfügbaren Nutenquerschnitt, den Drahtquerschnitt und die erforderliche Drahtzahl je Nut eine untere und besonders bei kleineren Motoren eine obere Spannungsgrenze. Die *Höchstspannnng für Motoren* ist im übrigen durch die Vorschriften für Niederspannungsanlagen auf *550 Volt* festgesetzt. Wird ein Motor mit verschiedenperiodigem Strom gespeist, so muß bei der höchsten Frequenz die Spannung des zugeführten Stromes noch so hoch sein, daß die verschiedenen Momente, besonders das Anzugs- und Hochlaufmoment ausreichend groß werden, während sie bei der untersten Frequenz so klein sein muß, daß die Stromaufnahme und damit die Erwärmung nicht zu hoch wird. In der praktischen Erprobung hat sich gezeigt, daß über ein Frequenzverhältnis von 1 : 3 nicht hinausgegangen werden soll, falls die Motorspannung — Stern-Dreieckschaltung — nicht geändert werden kann. Bei einem Frequenzverhältnis von mehr als 1 : 2 muß außerdem für jede Frequenz die Spannung gesondert errechnet werden, um für die elektrischen Größen möglichst günstige Werte zu erhalten. Diese Bedingung läßt sich nicht erfüllen, wenn für die Erzeugung der Frequenzen nur ein Umformer zur Verfügung steht, da bei einer Maschine zwischen Spannung und Frequenz ein starres Verhältnis besteht. In diesem Falle müssen also die verschiedenen höheren Frequenzen durch mehrere Umformer erzeugt werden. Es ergibt sich also die Notwendigkeit, an Stelle eines Netzes, das mit verschiedenen Frequenzen gespeist wird, für jede Frequenz ein gesondertes Netz anzulegen. Dabei hat man noch den Vorteil, daß gleichzeitig an verschiedenen Maschinen mit verschiedenen Drehzahlen gearbeitet werden kann und bei den Antriebsmotoren kein Ausgleich durch verschiedene Polzahl nötig ist. Man kann also überall zweipolige Motoren verwenden.

Solange ein Motor nur an ein Netz und eine Frequenz angeschlossen wird, liegen die Betriebsbedingungen recht einfach. Wird jedoch die Forderung erhoben, daß derselbe Motor an Netze verschiedener Frequenz wahlweise anschließbar sein muß, wobei entweder die Spannung ein Umschalten der Motorwicklung oder die mechanischen Verhältnisse eine Polumschaltung bedingen, so muß durch eine entsprechende Ausbildung des Schaltgerätes und durch mechanische oder elektrische Verriegelung eine Fehlschaltung vermieden werden. Dabei ist noch zu beachten, daß während des Umschaltvorganges kein Netzkurzschluß entstehen darf. Abgesehen von den in Abschnitt B erwähnten Schwierigkeiten, welche bei zu großem Unterschied zwischen niedrigster und höchster Frequenz auftreten können, ist schon aus schalttechnischen Gründen eine Beschränkung der Zahl der Speisenetze je Motor zu empfehlen.

## B. Mechanische Verhältnisse schnellaufender Motoren.

**14. Aufbau des Läufers.** Bei den Drehstrom-Käfigläufermotoren besteht der Läufer aus einem Blechpaket und der Läuferwicklung. Das Blechpaket ist aus vielen dünnen Blechscheiben zusammengesetzt, welche einseitig mit Papier oder einem anderen nichtleitenden Stoff beklebt oder auch lackiert sind und am Rande Nuten zur Aufnahme der Läuferwicklung besitzen. Unter Läuferwicklung versteht man sämtliche Läuferstäbe, die in diesen Nuten liegen, einschließlich der an den Läuferstirnseiten befindlichen Kurzschlußringe. Die Läuferwicklung kann entweder aus einem Stück gegossen sein oder aber aus Einzelteilen bestehen, welche miteinander verlötet sind (Abb. 19 und 20). In jeder Nut befindet sich nur ein einziger Läuferstab. Bei ventilierten

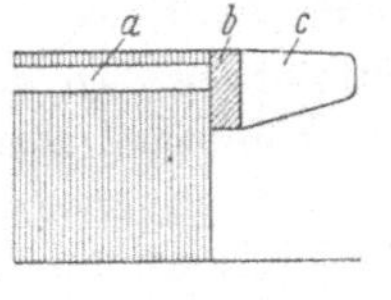

Abb. 19. Läufer mit gegossener Wicklung. *a* Wicklungsstäbe; *b* Kurzschlußring; *c* Lüfterfahne. *a, b* u. *c* aus einem Stück gegossen (*Leichtmetall*).

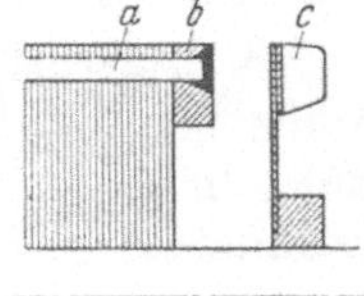

Abb. 20. Läufer mit zusammengesetzter Wicklung. *a* Wicklungsstäbe; *b* Kurzschlußring; *c* Lüfterfahne. *a* mit *b* verschweißt oder verlötet; *c* sitzen an einem besonderen Ring.

Motoren ist außerdem ein Lüfter erforderlich, der bei gegossenen Läuferwicklungen gleich mit angegossen oder aber bei zusammengesetzten Wicklungen gesondert auf der Welle befestigt wird. Auf der Welle sitzen dann weiterhin noch die Kugellager und bei sehr schnellaufenden Motoren häufig auch der Werkzeugträger oder das Werkzeug selbst. Selbst unter der Voraussetzung der völligen elektrischen Eignung eines Motors für Schnellaufbetrieb ist sogar der scheinbar unverwüstliche

Käfigläufermotor nicht ohne weiteres für jede Drehzahl geeignet. Die Gründe hierfür liegen auf zwei ganz verschiedenen Gebieten. Einmal handelt es sich um die drehzahlabhängigen mechanischen Verluste und zum anderen um die mechanische Eignung sämtlicher sich drehender Teile, wobei insbesondere die höchstzulässige Umfangsgeschwindigkeit, die sogen. kritische Drehzahl, die Genauigkeit der Auswuchtung und nicht zuletzt die Eignung der Lager hinsichtlich Ausführung, Einbau und Schmierung eine entscheidende Rolle spielen.

**15. Belüftung.** Zu den drehzahlabhängigen Verlusten gehören die Luft- und Lagerreibungsverluste. Alle Verluste eines Motors setzen sich, wie im vorhergehenden Abschnitt ausführlich dargestellt, in Wärme um. Deshalb ist die Belüftung, die zur Abführung dieser Wärme dient, außerordentlich wichtig. Im allgemeinen besitzen die Motoren Eigenbelüftung, wobei als Kühlmittel Luft verwendet wird. Den Luftumlauf rufen ein oder zwei Lüfter hervor, die bei Motoren für nur eine Drehzahl so ausgelegt sein können, daß sie in Übereinstimmung mit dem bei diesem Motor vorhandenen Kühlluftweg den besten Wirkungsgrad erwarten lassen. Bei gegebener Lüfterabmessung und Verdoppelung der Drehzahl steigt die Kühlwirkung um 50%, der Kraftbedarf nimmt aber den achtfachen Wert an. Damit wird ersichtlich, daß für Motoren mit einem größeren Drehzahlbereich die gewöhnlichen Lüfter nicht übernommen werden können, wenn man wirtschaftlich antreiben will. Der übliche Verlust eines Motors durch den Lüfter beträgt bei nur einer Drehzahl 1,5—2,5% der Motorabgabeleistung je nach Motorgröße und Motordrehzahl. Bei sehr hohen Drehzahlen genügt für diese Belüftung häufig ein Ring mit ganz geringen kreisbogenförmigen Einfräsungen. Tiefere Einfräsungen würden keine Mehrleistung, sondern nur unzulässige Verluste und teilweise Überlastung des Motors zur Folge haben. Bei unzweckmäßiger Ausbildung des Lüfters kann ein störendes Lüftergeräusch auftreten. Es genügt dann meistens, die Zahl der Lüfterflügel bzw. Lüftereinfräsungen und die Luftein- und Austrittsöffnungen am Gehäuse zu ändern.

Soll ein Motor für einen größeren Drehzahlbereich Verwendung finden, so ergibt sich aus dem vorher Gesagten, daß die Eigenbelüftung unwirtschaftlich arbeiten muß. Sie würde bei der höchsten Drehzahl zu große Verluste und bei der untersten Drehzahl keine ausreichende Kühlluftmenge ergeben. Daher ist die Fremdbelüftung der einzig vernünftige Ausweg. Ein kleiner Motor ($\frac{1}{4}$ bis 1 PS), der eine in jedem Fall ausreichende Luftmenge fördert, besorgt in diesem Falle die Belüftung.

**16. Lagerung, Schmierung.** In den hochdrehzahligen Motoren sind fast ausschließlich Wälzlager mit Fettschmierung eingebaut. Die Ölumlaufschmierung wird nur sehr selten angewandt, da das Dichthalten der Lager und das Verhindern des Schäumens große Schwierigkeiten macht. Um eine möglichst geringe Lagerreibung zu erzielen, muß das entsprechende Wälzlager den Betriebsverhältnissen angepaßt und einwandfrei eingebaut sein [1]; das Schmiermittel soll in genügender Menge vorhanden sein, aber trotzdem die Kugeln oder Rollen des Lagers sowie den Käfig nicht in ihrer Beweglichkeit behindern. Vom Schmiermittel muß außerdem noch verlangt werden, daß es sich bei den höheren Drehzahlen nicht entmischen kann, da die dabei ausgeschiedenen festen Teile das Lager zerstören. Bezüglich der Lagerschmierung, der Wahl der Lager und des Einbaues empfiehlt es sich daher, mit den Kugellagerfirmen Hand in Hand zu arbeiten und die Einbau- und Schmiervorschriften genauestens zu beachten. Bei Werkzeugmaschinen, deren Werkzeug unmittelbar auf der Motorwelle sitzt, muß das radiale und das axiale Lagerspiel so klein wie möglich sein. Dies erreicht man durch die Vorspannung der Lager. Hierbei ist darauf zu achten, daß ein Teil der im Läufer entstehenden Wärme durch die Welle und die

---

[1] Vgl. W.-B. Heft 29 „Einbau und Wartung der Wälzlager".

Lager abgeleitet wird. Die Vorspannung darf also nicht zu hoch sein, da bei der durch die Erwärmung bedingten Änderung der Abmessungen Verspannungen, unzulässige Lagererwärmungen oder Verklemmungen eintreten können. Je häufiger ein Motor angelassen wird oder je öfter seine Drehrichtung geändert werden muß, um so größere Sorgfalt muß der Lagerung derartiger Motoren gewidmet werden. Bei der Schmierung der Lager ist zu bedenken, daß das Schmiermittel, welches den im Lager umlaufenden Teilen im Wege steht, von diesen verdrängt werden muß. Hierbei ist eine Beschleunigungsarbeit zu leisten, die sich quadratisch mit der Drehzahl ändert. Je größer und je fester also die zu beschleunigende Schmiermittelmenge ist, um so mehr Arbeit ist im Anlauf aufzubringen und um so größer wird dadurch auch die Erwärmung. Da es hierdurch möglicherweise zu Überlastung des Motors kommen kann, empfiehlt es sich, die Lager nicht mehr als etwa zu 2/3 mit Fett zu füllen.

Für schnellaufende Motoren dürfen nur ausgesuchte Lager verwendet werden, deren Kugeln so genau hergestellt sind, daß durch sie keinerlei Störungen zu erwarten sind. Schwieriger ist die Auswahl der richtigen Käfige für hohe Drehzahlen. Gestanzte Käfige haben sich in den meisten Fällen schon bei Drehzahlen über 4500 U/min als den gestellten Forderungen nicht gewachsen erwiesen, so daß also massive Käfige gewählt werden mußten. Dabei haben die nicht metallischen Käfige den Vorzug, daß sie leichter auszuwuchten sind und daß auch eine restliche Unwucht, der kleinen Massen wegen, nicht zu unzulässigen Kräfteauswirkungen führen kann.

**17. Kritische Drehzahl.** Jeder Teil eines Motors, der sich dreht, ist Beschleunigungs- und Fliehkräften ausgesetzt. Bezeichnet man die Fliehkraft mit $P$, so ergibt sich für jedes Massenteilchen die anteilige Kraft zu: $P = \dfrac{G}{g}\, r \left(\dfrac{\pi\, n}{30}\right)^2$ , d.h. die Kraft ändert sich im gleichen Maße wie der Abstand $r$ des Teilchens von der Drehachse und quadratisch mit der Drehzahl $n$. Für jedes Teilchen kann man sich die Kraft an der Drehachse angreifend denken. Solange nun jeder Kraft eine gleich große aber in entgegengesetzter Richtung wirkende zugeordnet werden kann, kann sich die Welle nicht durchbiegen und also nicht unruhig laufen. Sind die umlaufenden Kräfte nicht genau ausgeglichen, ungenügend ausgewuchtet, so bewirken diese Kräfte ein Ausbiegen der Welle in Richtung der Unwucht. Wenn diese Wellendurchbiegung zu groß wird, können Lagerverklemmungen eintreten und schließlich die umlaufenden Teile an den ruhenden Teilen anstreifen. Beide Fehler haben mindestens eine unzulässige Erwärmung zur Folge, häufig jedoch die Zerstörung von Motorteilen. Eine an sich geringfügige Unwucht darf besonders bei schnellaufenden Motoren nicht vernachläßigt werden, wenn Gefahr besteht, daß durch äussere Einflüsse Schwingungserscheinungen der Welle eingeleitet oder verstärkt werden können. Das ist der Fall bei Werkzeugen mit mehreren Schneiden. Jeder Schneideneingriff in das Werkstück hat einen Stoß auf das Wellenende zur Folge und diese Stöße treten vollkommen regelmäßig auf. Bei 12000 U/min und 5 Schneiden sind dies z. B. 1000 Stöße je Sekunde. Liegt nun die Eigenschwingungszahl des umlaufenden Teiles in der gleichen Größenordnung, so besteht die Wahrscheinlichkeit, daß besonders beim Vorhandensein einer Unwucht die entstehenden Schwingungen zu gefährlichen Ausschlägen führen. Bei den äußeren Einwirkungen spielt nicht nur die Kraft und die Zahl der Stöße, sondern auch der Angriffspunkt der Kraft an der Welle eine Rolle. Es genügt beispielsweise bei Holzfräsen mit in der Höhe verstellbarem Messerkopf, wenn bei einer einzigen Stellung dieses Kopfes die gefährlichen Schwingungen auftreten können, um die Verwendbarkeit der ganzen Maschine in Frage zu stellen. Bei Motoren für einen größeren Drehzahlbereich muß dafür gesorgt werden, daß entweder in allen Fällen eine Störungsmöglichkeit durch Schwingungen ausgeschlossen ist, oder es muß eine Sicherheitseinrichtung geschaffen werden, die das Zusammentreffen der schädlichen Einflüsse verhindert. Es darf also nicht möglich sein, für eine bestimmte kritische Drehzahl und ungünstige Werkzeugabmessungen bzw. -gewichte die Maschine zu gebrauchen. Als kritische Drehzahl bezeichnet man dabei die Drehzahlen, bei denen sich besonders leicht Eigenschwingungen des umlaufenden Teiles ausbilden. Bei gewöhnlichen Antrieben bleibt man unter der kritischen Drehzahl. Erst bei den schnellaufenden Antrieben, wie sie bei Feinstbohrwerken, Oberfräsen usw. üblich sind, kann die kritische Drehzahl im Drehzahlbereich liegen. Besteht die Gefahr, daß die kritische Drehzahl in den Drehzahlbereich fällt, so empfiehlt es sich, den Motor senkrecht anzuordnen. Bei waagerechter Anordnung würde das Gewicht der umlaufenden Teile als einseitig wirkende Kraft leicht eine Eigenschwingung hervorrufen. Ferner spielt der magnetische Zug, den der Motorständer auf den Läufer ausübt, besonders bei waagerechter Anordnung der Spindel eine beträchtliche Rolle. Beim Anlaufen des Motors wird sich oft ein Durchlaufen durch die kritische Drehzahl nicht vermeiden lassen. Dieses Durchlaufen ist ungefährlich, wenn sich während dieser Zeit keine nennenswerten Schwingungen ausbilden können und das Durchlaufen schnell genug erfolgt. Bei guter Motorausführung und sorgsamer Auswuchtung ist eine Störung im Hochlauf nur dann zu erwarten, wenn der Motor im kritischen Drehzahlbereich keinen genügend großen Momentenüberschuß zur Verfügung hat, um sich zu beschleunigen. Die Schwingungen können dann so groß werden, daß die umlaufenden Teile anstreifen. In diesem Falle ist es sehr unwahrscheinlich, daß der Motor in der Lage ist, außer den Hochlaufmomenten auch noch die auftretende zusätzliche Reibungsarbeit aufzubringen und so den kritischen Drehzahlbereich zu überwinden.

**18. Einfluß der Fliehkräfte.** Auf die umlaufenden Teile des Läufers wirken im Betrieb Fliehkräfte ein, welche je nach der mechanischen Festigkeit der einzelnen Teile bei den hohen Drehzahlen so groß werden können, daß das Gefüge zerstört oder zumindest so verändert wird, daß ein ordnungsmäßiger Betrieb nicht mehr möglich ist. Die Welle kann hierbei aus der Betrachtung ausscheiden. Beim Läuferkörper aber sind verschiedene Einzelheiten von Bedeutung. Der Läufer besteht aus dünnen einzelnen Blechen, welche durch die Kurzschlußringe und die Läuferstäbe zusammengehalten werden. Die Bleche besitzen in der Mitte eine Bohrung zum Einsetzen der Welle und am Rande offene oder geschlossene Nuten. Die Stäbe haben nun unter dem Einfluß der Fliehkräfte das Bestreben, sich von der Drehachse zu entfernen. Sobald diese Kräfte groß genug sind, die erforderliche Durchbiegung oder Längendehnung der Stäbe zu erzwingen oder sie zu zerreißen, tritt die Gefahr ein, daß das angebeulte Blech oder Teile der Stäbe am Ständerblechpaket streifen und Zerstörungen bewirken. Verstärkt wird diese Gefahr bei einem Betrieb oberhalb der für den Motor zulässigen Grenzdrehzahlen dadurch, daß die Bleche selbst innerhalb gewisser Grenzen dehnbar sind und, da bei ihnen die Fliehkräfte im Sinne einer Dehnung senkrecht zur Achse wirken, eine Vergrößerung des Durchmessers und damit ein Ablösen von der Welle eintreten kann. Da die beschriebenen Auswirkungen jedoch nicht vollkommen symmetrisch auftreten, werden sich diese Störungen zunächst genau so bemerkbar machen, wie die im vorigen Abschnitt behandelten Unwuchten. Dabei kann dann bei sehr großem Wellendurchmesser und tiefen Läufernuten der restliche Blechquerschnitt so klein werden, daß er die Überbeanspruchung nicht aushält und zerreißt. Es ist daher auch nicht angebracht, bei Motoren für höhere Drehzahlen das Läuferpaket durch Keile auf der Welle zu befestigen, denn damit würde der Querschnitt an einigen Stellen besonders gefährdet sein. Außerdem wird die Schwierigkeit des richtigen Auswuchtens und die Gefahr, beim unachtsamen Ziehen der Nut das Blech zu verletzen, bei Keilbefestigung sehr groß. Die

Welle soll also eingepreßt werden. Für ganz hohe Drehzahlen über 30000 U/min ist aus den vorgenannten Gründen angeregt worden, Läufer und Welle einschließlich Lüfter aus einem Stück zu fertigen. Die Lüfter werden meist schon bei Drehzahlen über 9000 U/min aus einem Stück gefertigt, falls die Kurzschlußringe der Motorläufer nicht bereits als Lüfter ausgebildet sind. Der Grund für diese Maßnahme ist darin zu suchen, daß die Grenzdrehzahlen für gebaute Lüfter niedriger liegen als für gegossene oder aus einem Stück gefertigte und daß außerdem das Auswuchten zusammengesetzter Lüfter unverhältnismäßig schwieriger ist.

## C. Andere Lösungen des schnellaufenden Elektromotors.

**19. Gleich- und Drehstrommotoren.** Das dringende Bedürfnis, mit Drehzahlen zu arbeiten, die über der üblichen Lastdrehzahl (2800 U/min) der Asynchronmotoren liegen, hat dazu geführt, die verschiedenartigsten Lösungen auch ohne Frequenzwandler zu finden. In diesen Fällen ist ein gewickelter Läufer erforderlich, der dem Käfigläufer unterlegen ist. Abgesehen von der Schwierigkeit des sorgfältigen Auswuchtens ist die Wicklung stets der Gefahr einer Verlagerung ausgesetzt, die durch die hohen Stromstöße oder durch die großen Verzögerungs- oder Beschleunigungsmomente auftreten kann. Auch die Auswirkungen der Fliehkräfte machen sich bei gewickelten Motoren schneller bemerkbar, so daß die höchst zulässigen Drehzahlen wesentlich niedriger liegen als bei den starren Käfigläufermotoren. Außer diesen mechanischen Nachteilen haben derartige Motoren auch elektrische Nachteile. Allen diesen Motoren muß läuferseitig über Kollektoren oder Schleifringe Strom zugeführt werden. Eine einwandfreie Stromübertragung von den Bürsten zu den Schleifringen oder Kollektoren ist nur dann möglich, wenn die Umfangsgeschwindigkeit nicht zu hoch wird. Die Umfangsgeschwindigkeit ist auch begrenzt durch die Gefahr einer zu großen Bürstenerwärmung. Die Schleifringe oder Kollektoren mit Bürsten sind zudem außerordentlich empfindlich. Wenn mit der Kühlluft schmirgelnder oder leitender Staub ins Motorinnere eindringen kann, so muß zur Außenbelüftung des Motors übergegangen werden, womit zumindest größere Motorabmessungen verbunden sind.

Gleichstromnebenschluß- und Drehstromnebenschluß-Kollektormotoren lassen sich überall da verwenden, wo Verstellbarkeit bei angenäherter Belastungsunabhängigkeit der Drehzahl verlangt wird, die obere Drehzahl nicht zu hoch liegt und die vorgenannten Nachteile vernachlässigt oder eingeschränkt werden können. Die oberste Drehzahlgrenze liegt bei Gleichstromnebenschlußmotoren bei etwa 9000 U/min, bei Drehstromnebenschlußmotoren bei etwa 4500 U/min. Durch Verwendung von Universal- oder Repulsionsmotoren kommt man auf Drehzahlen bis zu 20000 U/min im Leerlauf. Diese Motoren haben aber den großen Nachteil, daß sie ihre Drehzahl mit der Belastung ändern. Durch geeignete Maßnahmen wird zwar vermieden, daß der fast unbelastete Motor im Leerlauf durchgehen kann, doch ist der Drehzahlunterschied zwischen Leerlauf und Vollast sehr erheblich. Dieser Unterschied ist bei den Krafthandwerkzeugen beim Ansetzen des Werkzeuges deutlich an dem veränderten Motorgeräusch wahrnehmbar und erfordert beim Arbeiten mit diesen Motoren große Vorsicht, da z. B. beim Ansetzen der Schleifscheibe von Schleifmotoren häufig ein Verbrennen am Werkstück eintritt.

**20. Doppelläufermotoren.** Zu den bekanntesten Versuchen, Drehzahlen zwischen 3000 und 6000 U/min ohne Verwendung von Schnellfrequenzstrom zu erzielen, gehören die Doppelmotoren. Wie Abb. 21 und 22 zeigen, können diese Motoren entweder hintereinander oder ineinander gebaut angeordnet werden. Der Ständer eines solchen Motors ist fest angeordnet. Der sich in diesem Ständer drehende Läufer umschließt den Ständer des zweiten Motors und im Ständer des zweiten Motors läuft der eigentliche Läufer, der ein Käfigläufer ist. Die Drehzahl des Käfigläufers ergibt sich aus der Summe der beiden Teildrehzahlen. Sind beide Motoren zweipolig, so läuft die Endwelle belastet mit 5600 U/min um, ist der eine zwei-, der andere vierpolig, mit

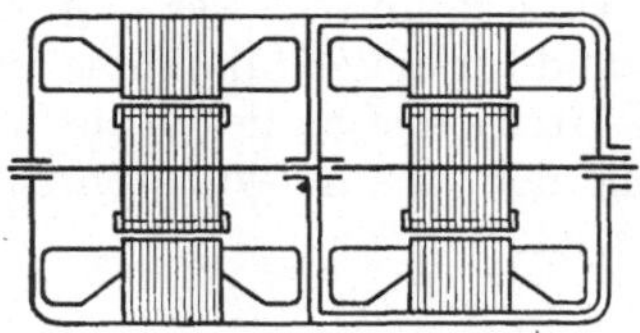

Abb. 21. Doppelläufermotor, hintereinander gebaut. Läufer des Motors links dreht sich im festen Ständer, treibt damit Ständer des Motors rechts an, der Strom über Schleifringe bekommt. Läufer des Motors rechts läuft mit doppelter Drehzahl.

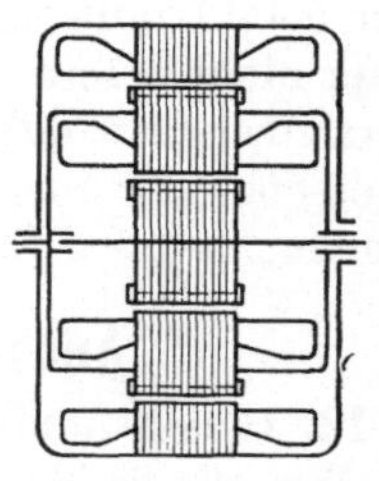

Abb. 22. Doppelläufermotor, ineinander gebaut. Ständer des inneren Motors ist gleichzeitig Läufer des äußeren Motors und dreht sich im festen Gehäuse. Läufer des inneren Motors läuft mit doppelter Drehzahl. Stromzufuhr zur Ständerwicklung des inneren Motors über Schleifringe.

4200 U/min. Bei diesen Motoren muß dem Außenständer Strom zugeführt werden, ebenso dem mit dem ersten Läufer zusammengebauten Ständer, der seinen Strom über Schleifringe zugeführt bekommt. Außer dem Nachteil der Schleifringe sind auch die großen Abmessungen derartiger Motoren unangenehm, da die Lagerung schwierig wird. Sieht man nur auf den Preis, so hat diese Behelfslösung eine Berechtigung, solange nur ein oder höchstens zwei Motoren im ganzen Betrieb mit hohen Drehzahlen laufen sollen. Aber schon von drei Motoren an ist der Betrieb schnellaufender Käfigläufermotoren mit Schnellfrequenzstrom, der durch einen Umformer erzeugt wird, auch preislich vorzuziehen.

# III. Erzeugung der Schnellfrequenz.
## A. Umlaufende Wandler.

Schnellfrequenzen zur Speisung schnellaufender Motoren erzeugt man, falls ein Drehstromnetz vorhanden ist, fast immer durch umlaufende Maschinensätze, die aus einem *Induktionsumformer* mit zugehörigem Antriebsmotor bestehen. Die Induktionsumformer entsprechen in ihrem grundsätzlichen Aufbau den Drehstrom-

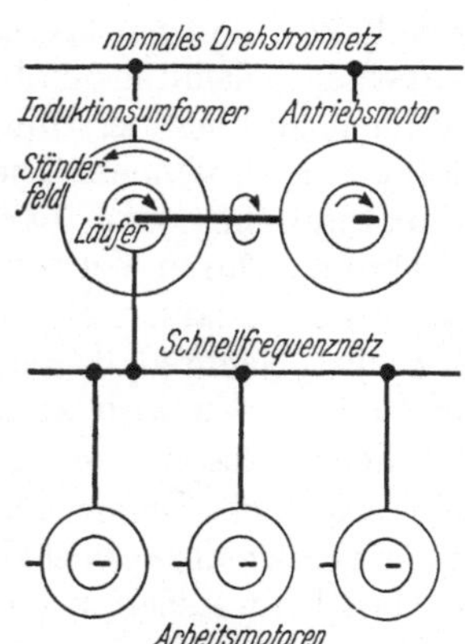


Abb. 23. Grundsätzlicher Aufbau des Schnellfrequenzantriebes.

Schleifringläufermotoren. Mit Rücksicht auf die besonderen Betriebsbedingungen sind allerdings verstärkte Schleifringe und Bürstensätze erforderlich, ferner eine andere Auslegung der Wicklung. Bei höheren Frequenzen werden dabei Maßnahmen getroffen, um die elektrischen Verluste möglichst niedrig zu halten. Der Antriebsmotor wird mit dem Induktionsumformer meist unmittelbar gekuppelt, doch kann man auch in Sonderfällen ein Getriebe zwischenschalten. Das grundsätzliche Schaltbild einer solchen Umformung zeigt Abb. 23.

**21. Erzeugungsarten.** Für die nun folgenden Betrachtungen wird der Einfachheit halber angenommen, daß der Induktionsumformer ständerseitig am Primärnetz, d. h. am vorhandenen Drehstromnetz angeschlossen ist und an den Läuferklemmen der Strom der erhöhten Frequenz $f_2$ abgenommen werden kann. Für die Primärfrequenz $f_1$ werden 50 Hz zugrunde gelegt. Diese Frequenz ist in Deutschland genormt und wird sehr genau eingehalten. Die Umlaufzahl des Ständerdrehfeldes ergibt sich bei einer Induktionsumformerpolzahl $p_g$ zu: $n_1 = \dfrac{f_1 \cdot 120}{p_g}$.

Die Läuferdrehzahl des Induktionsumformers wird mit $n_g$ (Index $g$ von „Generator“) bezeichnet und ist bei unmittelbarer Kupplung gleich der Läuferdrehzahl des Antriebsmotors.

Ein Drehstrom-Schleifringläufermotor, dessen Läufer feststeht, $n_g = 0$, entspricht in seiner Wirkungsweise einem Spannungswandler. Das im Ständer mit der Drehzahl $n_1$ umlaufende Drehfeld induziert im Läufer ein mit der gleichen Geschwindigkeit und im gleichen Drehsinn umlaufendes Feld. Die Spannungen verhalten sich dabei wie die Windungszahlen im Ständer zu den Windungszahlen im Läufer, während die Frequenz gleich bleibt. Die an den Läuferklemmen entnommene Leistung $N_{2g}$ wird transformatorisch vom Ständer auf den Läufer übertragen und ist, abgesehen von den vorläufig nicht berücksichtigten Verlusten, der vom Ständer aus dem Primärnetz entnommenen Leistung $N_{1g}$ gleich. Abweichend von gewöhnlichen Spannungswandlern schwankt jedoch des größeren Luftspaltes wegen der Spannungsabfall zwischen Vollast und Leerlauf stärker. Diese Schwankung wird noch bei verschiedenen Fällen näher behandelt.

**a)** *Gegenfeldbetrieb.* Treibt man den Läufer im Sinne des umlaufenden Ständerdrehfeldes mit der synchronen Drehzahl $n_g = n_1$ an, so können die Kraftlinien des Ständers die Läuferwicklung nicht schneiden, es wird keine Spannung induziert,

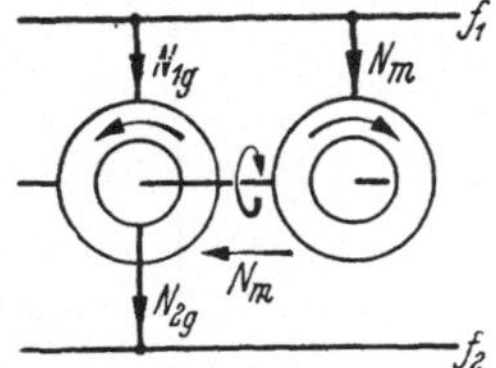

Abb. 24. Gegenfeldbetrieb: Frequenzerhöhung.

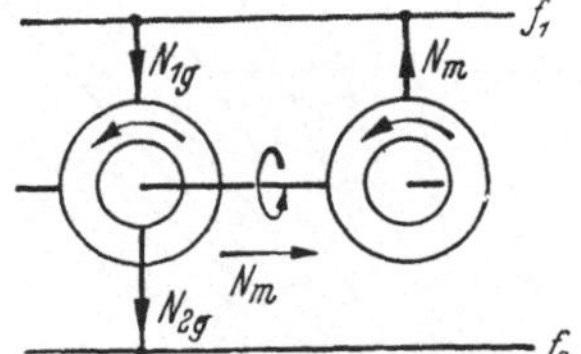

Abb. 25. Mitfeldbetrieb untersynchron: Frequenzerniedrigung. Überschüssige Leistung an Primärnetz.

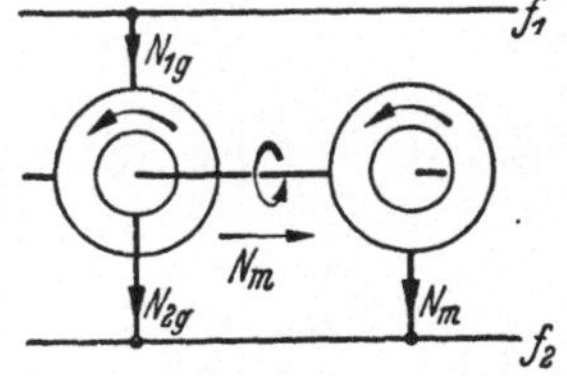

Abb. 26. Mitfeldbetrieb untersynchron: Frequenzerniedrigung. Überschüssige Leistung an Sekundärnetz.

Abb. 24—27. Verschiedene Arten der Frequenzumformung. $f_1$ gegebene (primäre) Netzfrequenz; $N_m$ Leistung des Antriebsmotors für den Umformersatz; $N_{1g}$ aus dem Primärnetz entnommene elektrische Leistung; $N_{2g}$ an den Wandlerklemmen verfügbare sekundäre Leistung.

keine Leistung transformatorisch übertragen, die Läuferfrequenz und Spannung sind damit Null. Die dem Läufer zugeführte Leistung $N_m$ muß nur die mechanischen Verluste decken. Kehrt man die Drehrichtung des Läufers um (Abb. 24), so bleibt zwar die Drehzahl

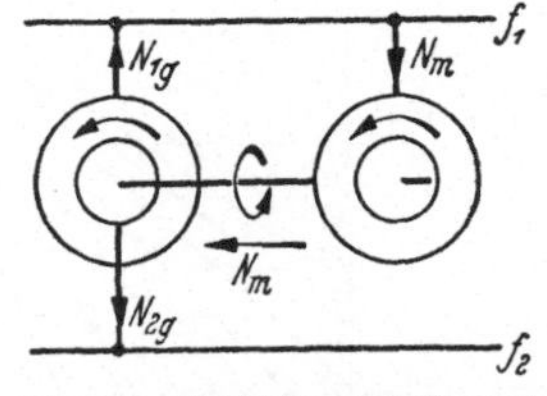

Abb. 27. Mitfeldbetrieb übersynchron: Frequenzerhöhung.

die gleiche, aber der Drehzahlunterschied zwischen Ständerdrehfeld und Läuferwicklung ist doppelt so groß wie beim Stillstand, da beide in entgegengesetzter Richtung mit der synchronen Drehzahl umlaufen. Diesem doppelt so großen Drehzahlunterschied entspricht auch eine doppelt so große Spannung und Frequenz an den Schleifringklemmen. Unter Vernachlässigung der Verluste kann auch die verfügbare Sekundärleistung $N_{2g}$ doppelt so hoch angenommen werden. Diese Leistung wird dem Läufer teils elektrisch-transformatorisch, teils mechanisch zugeführt. Die elektrisch zugeführte Leistung $N_{1g}$ verhält sich zur mechanisch zugeführten wie die Drehzahlen $n_1$ zu $n_g$. Solange der Läufer entgegen dem Ständerdrehfeld angetrieben wird, muß dies eine Frequenzerhöhung zur Folge haben, da der Geschwindigkeitsunterschied größer als bei Stillstand ist, bei welchem die Ständerfrequenz gleich der Läuferfrequenz ist.

**c)** *Mitfeldbetrieb.* Beim Mitfeldbetrieb, bei welchem Ständerdrehfeld und Läuferwicklung im gleichen Drehsinn umlaufen, lassen sich zwei Betriebsarten unterscheiden. Vom Läuferstillstand bis zur synchronen Drehzahl sinkt die Läuferfrequenz mit zunehmender Drehzahl von der Ständerfrequenz $f_1$ bis 0. Man hat es also bei diesem „untersynchronen" Mitfeldbetrieb mit Frequenzverminderung zu tun (Abb. 25 u. 26). Steigert man die Drehzahl nun weiter, so wächst die abgenommene Frequenz $f_2$ von 0 zu einem dem jeweiligen $p_g$ und $n_g$ entsprechenden Wert an. Man bezeichnet diesen Betriebszustand, durch welchen man an sich jede Frequenz erzeugen kann, als „übersynchronen" Mitfeldbetrieb (Abb. 27). Während beim untersynchronen Mitfeldbetrieb die transformatorisch zugeführte Leistung $N_{1g}$ nur zum Teil als elektrische Leistung der gewünschten Frequenz an den Schleifringen zur Verfügung steht, wird der restliche Teil als mechanische Leistung an der Welle abgegeben. Es ergibt sich dabei die Möglichkeit, diese mechanische Leistung durch Umformung in elektrische Leistung wieder zu gewinnen und dem Primär- oder Sekundärnetz wieder zuzuführen. Die Schaltung hierfür zeigen Abb. 25 u. 26.

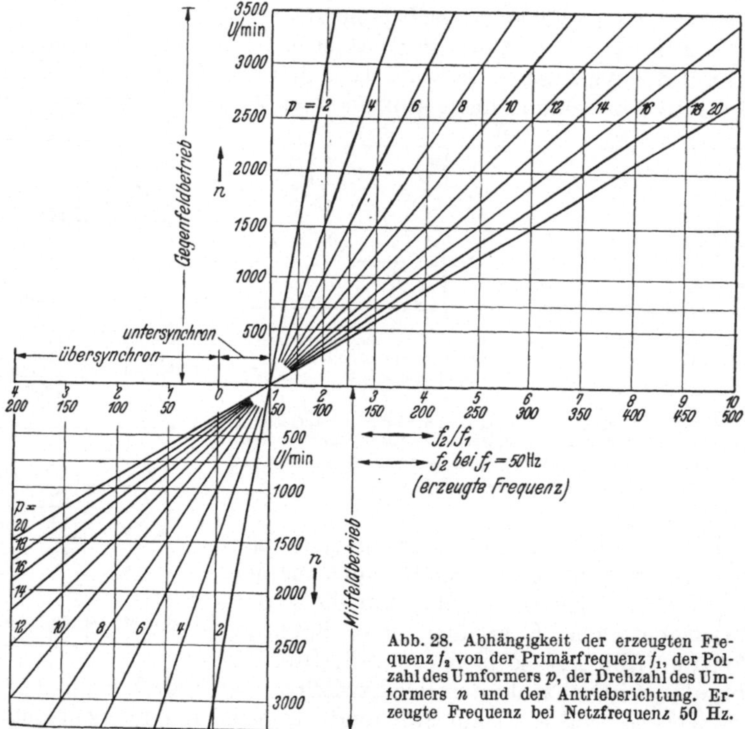



Abb. 28. Abhängigkeit der erzeugten Frequenz $f_2$ von der Primärfrequenz $f_1$, der Polzahl des Umformers $p$, der Drehzahl des Umformers $n$ und der Antriebsrichtung. Erzeugte Frequenz bei Netzfrequenz 50 Hz.

Die Leistung $N_{1g}$ verhält sich beim untersynchronen Mitfeldbetrieb zur Leistung $N_m$ wie $n_1$ zu $n_g$, während sich $N_{1g}$ zu $N_{2g}$ wie $n_1$ zu $n_1 - n_g$ verhält. Beim Mitfeldbetrieb wird demnach bei der synchronen Drehzahl die elektrisch zugeführte Leistung zunächst in mechanische und dann wieder in elektrische Leistung umgewandelt. Die elektrische Leistung, welche bei übersynchronen Drehzahlen an den Schleifringen abgenommen werden kann, ist aber nur durch Zuführen einer entsprechend hohen mechanischen Leistung zu gewinnen, wobei auch eine der Leistung $N_{1g}$ entsprechende mechanische Leistung zusätzlich aufgebracht werden muß. In Abb. 28 ist die Abhängigkeit der für die Frequenz $f_2$ wichtigen Werte eingetragen.

c) *Gleichungen.* Im allgemeinen kann man annehmen, daß bei Berechnungen eines Umformers die verlangte Sekundärleistung $N_{2g}$ sowie die Netzfrequenz $f_1$ und die verlangte Schnellfrequenz $f_2$ festliegen. Es ist dann für die Wahl des Antriebsmotors die Kenntnis der erforderlichen Leistung $N_m$, für die Wahl des Netzschalters für den Induktionsumformer die Größe $N_{1g}$ wichtig.

Die Gleichungen für die einzelnen Betriebsarten lauten bei unmittelbarer Kupplung oder beim Antrieb mittels Riemen usw.:

bei Gegenfeldbetrieb: $N_{1g} = N_{2g} \dfrac{f_1}{f_2} = N_{2g} - N_m$ ; $N_m = N_{2g} \dfrac{f_2 - f_1}{f_2}$,

bei untersynchronem

Mitfeldbetrieb: $\qquad N_{1g} = N_{2g} \dfrac{f_1}{f_2} = N_{2g} + N_m$ ; $N_m = N_{2g} \dfrac{f_1 - f_2}{f_2}$,

bei übersynchronem

Mitfeldbetrieb: $\qquad N_{1g} = N_{2g} \dfrac{f_1}{f_2} = N_m - N_{2g}$ ; $N_m = N_{2g} \dfrac{f_2 + f_1}{f_2}$.

In Abb. 29 ist der Leistungsfluß eingetragen. Durch diese Darstellung werden die in Abb. 24—27 gezeigten Leistungsverhältnisse sinnfälliger. Es zeigt sich, daß beim Gegenfeld- und beim übersynchronen Mitfeldbetrieb die Hintermaschine als Motor und beim untersynchronen Mitfeldbetrieb als Generator arbeitet. Der Induktionsumformer gibt beim Gegenfeldbetrieb die ständerseitig elektrisch und läuferseitig mechanisch aufgenommene Energie läuferseitig wieder als reine elektrische Energie ab. Beim untersynchronen Mitfeldbetrieb nimmt er überhaupt nur ständerseitig elektrische Energie auf und gibt diese läuferseitig teils als elektrische, teils als mechanische Energie wieder ab, während beim übersynchronen Mitfeldbetrieb nur läuferseitig mechanische Energie aufgenommen wird, und diese dann ständerseitig ans Netz und läuferseitig als Schnellfrequenz als elektrische Energie wieder abgegeben wird.

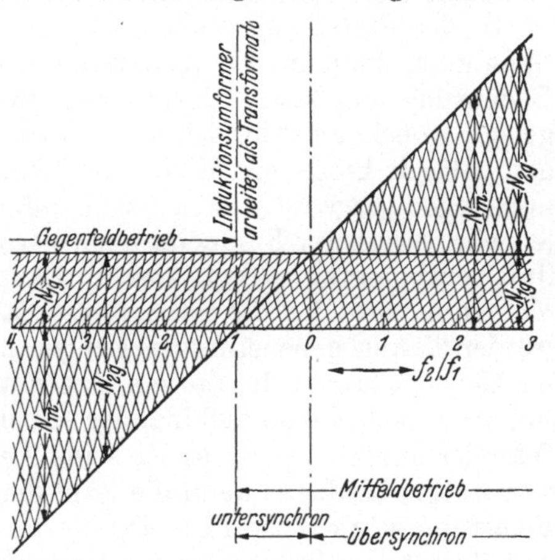


Abb. 29. Leistungsübersicht für die Umformungsarten Abb. 24—27.

Bei der Wahl des Antriebsmotors spielt nicht nur der errechnete Wert $N_m$ und der Wirkungsgrad des Induktionsumformers eine Rolle, sondern auch der Drehzahlabfall, den man dem Motor zubilligen will oder kann. Hat der Antriebsmotor Schlupf, so bedingt das eine Herabsetzung der Sekundärfrequenz und damit der Drehzahl des Arbeitsmotors. Da der Arbeitsmotor selbst auch noch Schlupf hat, verringert sich die Drehzahl nochmals. Die Größe des Schlupfes ist jeweils von der Größe der Belastung abhängig und schwankt zwischen Vollast und Leerlauf um mehrere Hundertteile. Bei der Aufstellung der Richtwerte für die Lastdrehzahl von Werkzeugmaschinen ist dieser Drehzahlabfall berücksichtigt worden. Im Abschnitt „Normung" auf den S. 62—63 ist bei der Aufstellung der Richtwerte für Schnellfrequenzantriebe der doppelte Drehzahlabfall im Umformer und im Arbeitsmotor mit eingerechnet. Kommt es auf genaue Einhaltung der Schnellfrequenz an, so müßten Synchronmotoren für den Antrieb des Umformersatzes benutzt werden. Ist der Antriebsmotor mit dem Induktionsumformer nicht unmittelbar gekuppelt, so kommen zu den Schlupfverlusten selbstverständlich die Verluste der Zwischenglieder, wie Riemenschlupf usw. mit hinzu. Auch deren Leistungsbedarf muß dann bei der Berechnung der erforderlichen Antriebsleistung eingesetzt werden.

**22. Bemessung des Wandlers.** Während man die vom Induktionsumformer aufgenommene oder abgegebene Leistung in PS oder kW angibt, empfiehlt es sich, für die Schaltgeräte die elektrischen Leistungen in kVA anzugeben, da diese Angabe die nachträgliche Berechnung der für die Schaltgeräte wichtigen Stromstärken erleichtert. Die Arbeitsmotoren nehmen ebenso wie der Induktionsumformer nicht nur Wirkstrom, sondern auch den zur Magnetisierung erforderlichen Blindstrom auf. Die Größe des vom Induktionsumformer an die Arbeitsmotoren abzugebenden Blindstromes hängt von der Ausführung und der Ausnutzung der Motoren ab. Ist ein Motor zu groß bemessen, so läuft er nur mit Teillast und nimmt damit einen unverhältnismäßig hohen Blindstrom auf[1]. Da ein Induktionsumformer gegebener Größe nur mit einem bestimmten Strom belastet werden kann, steht einer Erhöhung des Blindstromes eine entsprechende Verringerung des Wirkstromes gegenüber. Der Blindstrom muß also, um die Umformeranlage voll ausnutzen zu können, möglichst klein gehalten sein. Läßt sich der Blindstrom nicht durch sorgfältige Auslegung der Motoren und Umformer niedrig halten, so kann er noch durch Verwendung von Kondensatoren in entsprechenden Grenzen ausgeglichen werden.

In der Einführung dieses Abschnittes ist darauf hingewiesen worden, daß der Spannungsabfall im Frequenzwandler zwischen Leerlauf und Vollast von großer Bedeutung sein kann. Jeder Arbeitsmotor ist für eine bestimmte Spannung ausgelegt, wobei eine Abweichung nach oben oder unten die bereits geschilderten Folgen hat. Je besser ein Motor mit Rücksicht auf geringes Gewicht oder kleine Abmessungen ausgenützt ist, um so empfindlicher wird er gegen Spannungserhöhungen; je mehr bei höheren Frequenzen zur Vermeidung unzulässiger Erwärmung sein Kraftfluß herabgesetzt ist (vgl. Abschn. 12), um so gefährlicher werden hinsichtlich des Momentenverlaufes die Spannungsabfälle, und je kleiner ein Motor ist, um so mehr werden die angegebenen Auswirkungen der Spannungsänderung für diesen einen Motor ins Gewicht fallen. Ist nur ein Motor an einen Umformer angeschlossen, so lassen sich beide Maschinen aufeinander abstimmen. Werden aber viele Motoren an einen Wandler angeschlossen, so ist seine Belastung und damit die Klemmenspannung sehr unterschiedlich, wenn die Zahl der gleichzeitig laufenden Motoren oder deren Belastung stark schwankt. Durch die Arbeitsbedingungen sind für die einzelnen Arbeitsmotoren bestimmte Eigenheiten erforderlich, welche eine willkürliche Umformerauslegung selten zulassen. Je empfindlicher daher die einzelnen Motoren sind, um so unerläßlicher wird eine genaue Planung. Zunächst ist die Zahl der Motoren, ihr Leistungsbedarf, die Anlauf- und Betriebsverhältnisse — Belastungswechsel, Schalthäufigkeit, Drehrichtungswechsel —, die Zahl der gleichzeitig angeschlossenen Motoren und das dabei zu erwartende Belastungsspiel, die für den empfindlichsten Motor höchst und niedrigst zulässige Spannung, sowie der beim Einschalten des Motors mit dem höchsten Einschaltstrom zu erwartende Stromstoß anzugeben. Einen Anhalt für die Zahl der gleichzeitig laufenden Motoren gibt vielfach in kleineren Betrieben die Zahl der für die Bedienung der Schnellfrequenz-Maschinen vorhandenen Arbeitskräfte, während beispielsweise bei Fließarbeit die Kenntnis der jeweils zusammengehörigen Maschinengruppen und der dabei auftretenden Belastungen Anhalte für die Auslegung des Umformers geben kann.

Während kurzzeitige, nur selten auftretende Spannungserhöhungen meist unbedenklich in Kauf genommen werden können, liegen die Verhältnisse bei Spannungssenkungen, sogar bei kurzzeitigen, wesentlich ungünstiger. Eine gelegentliche stärkere Erwärmung, bedingt durch die Spannungserhöhung, gleicht sich im Laufe der Zeit wieder aus. Bringt dagegen ein Motor wegen der Spannungserniedrigung das erforderliche Moment nicht mehr auf und genügt die in den umlaufenden Teilen steckende kinetische Energie nicht, um einen Ausgleich zu schaffen, so kommt es oft zu Störungen. In diesem Zusammenhang muß auf die Auswirkung des Ein-

---

[1] Summe von Wirk- und Blindstrom unnötig groß.

schaltstromstoßes der Motoren auf den Induktionsumformer hingewiesen werden. Dieser Stromstoß übt einen merklichen Einfluß auf die Spannung aus, sobald durch ihn der Umformernennstrom überschritten wird und damit meist auch der Hundertsatz, der als Spannungsschwankung bei der Auslegung zugelassen worden ist. In solchen Fällen muß für den Hochlauf durch Verwendung von Stern-Dreieckschaltern oder Sonderläufern ein Ausgleich geschaffen werden. Dabei sinkt nach dem im Abschn. 10 Gesagten das Anzugsmoment des Motors. Kann diese Senkung nicht gestattet werden und soll keine Vergrößerung des Umformers eintreten, so muß die Reihenfolge festgelegt werden, in der die Motoren eingeschaltet werden müssen. Die größten Motoren müssen zuerst eingeschaltet werden. Besonders ungünstig liegen die Verhältnisse, wenn nur ein einziger Motor an einen Umformer angeschlossen ist. Hier stehen zunächst die vorher erwähnten Hilfsmittel zur Verfügung. Außerdem kann bei geringen Ansprüchen an das Hochlaufmoment der Motor mit dem Induktionsumformer gleichzeitig eingeschaltet werden. Es reicht in diesem Falle ein Umformer aus, der größenordnungsmäßig für den ununterbrochenen Betrieb ausgelegt ist und den Einschaltstromstoß also nicht berücksichtigt. Weiterhin besteht bei diesem Anlaßverfahren der Vorteil, daß zum Motor nur drei Zuleitungen führen, was in Sonderfällen für die Verwendbarkeit eines Motors ausschlaggebend sein kann.

**23. Mehrere Schnellfrequenzen.** Vielfach setzt die Erfüllung aller Betriebserfordernisse das Vorhandensein mehrerer Frequenzen voraus. Je nachdem, ob diese Frequenzen gleichzeitig zur Verfügung stehen müssen oder nicht, ob eine stufenweise oder stufenlose Frequenzänderung verlangt wird, ob die verlangten Frequenzen und ihre zugehörigen Spannungen in Einklang zu bringen sind, wird man versuchen, mit einem Induktionsumformer auszukommen, oder aber zu Mehrmaschinensätzen oder zu Kaskaden[1] zu greifen. Man wird einen gewöhnlichen, einen polumschaltbaren, einen stufenlos oder in Stufen verstellbaren Motor verwenden. Eine betriebsmäßige Änderung der Umformerantriebsdrehzahl kommt nur dann in Frage, wenn nur ein schnellaufender Motor gespeist wird oder alle an den Umformer angeschlossenen Motoren gleichzeitig ihre Drehzahl ändern sollen. Ein *Mehrmaschinensatz* ist dann nötig, wenn mehrere Schnellfrequenzen unabhängig voneinander verlangt werden und die einzelnen Induktionsumformer mit der gleichen Drehzahl $n_m$ angetrieben werden können. Von einer Kaskade macht man dann Gebrauch, wenn entweder nur immer eine Frequenz verfügbar sein soll und eine Änderung der Antriebszahl nicht den verlangten Frequenzwechsel ermöglicht, oder wenn eine Frequenz verlangt wird, deren Erzielung in einer Stufe Schwierigkeit macht oder eine unwirtschaftliche Ausführung bedingt. Soll beispielsweise 400-periodiger Drehstrom erzeugt werden, so ist ein 16-poliger Induktionsumformer bei einer Antriebsdrehzahl von 2800 U/min erforderlich. Rechnet man je Pol und Phase nur einen Leiter bzw. eine Nut, so muß diese Maschine mit mindestens 48 Nuten im Läufer und Ständer ausgeführt sein. Aus elektrischen Gründen ist jedoch ein Vielfaches dieses Wertes erforderlich, so daß im Hinblick auf die durch die Nutenzahl bedingten großen Läuferabmessungen der Vorteil einer Verwendung zweier einfacher 8-poliger Induktionsumformer in Kaskadenschaltung verständlich wird. Ein weiterer Vorteil dieser Lösung besteht darin, daß die meisten Teile der zu verwendenden Maschinen dem Reihenbau entnommen werden können.

---

[1] Kaskadenumformer sind Maschinensätze, die aus mehreren Induktionsumformern und einem oder mehreren Antriebsmotoren bestehen. Sie können für verschiedene Zwecke verschiedenartig gebaut und geschaltet sein. Sollen damit verschiedene Frequenzen erzeugt werden, so kann z. B. ein Induktionsumformer an das 50 Hz-Netz, der zweite primärseitig an den ersten angeschlossen sein, so daß sich die Frequenzen beider addieren. Dabei können beide mit verschiedener Polzahl, also für verschiedene Frequenzen gebaut sein. Man hat dann 3 Schnellfrequenzen zur Verfügung: Jeder der beiden Umformer für sich und beide zusammengeschaltet.

Beim Frequenzwechsel durch Änderung der Umformerantriebsdrehzahl muß beachtet werden, daß dem Drehzahlverhältnis von 1 : 2 nicht ein gleich großes Frequenzverhältnis entspricht. Für Entwurfsarbeiten sei daher die Gleichung für den Fall des Gegenfeldbetriebes angegeben:

$$\frac{f_{2x}}{f_{2y}} = \frac{\dfrac{f_1 \cdot 120}{p_g} + n_x}{\dfrac{f_1 \cdot 120}{p_g} + n_y}.$$

Weiterhin ist zu beachten, daß sich die Spannung im gleichen Verhältnis wie die Frequenz ändert, daß ihre Wahl daher mit Rücksicht auf die angeschlossenen Motoren ausschlaggebend für den zu erzielenden Verstellbereich sein kann.

**24. Schnellfrequenz ohne Primärdrehstrom.** Ist in einem Betrieb kein Drehstrom vorhanden, und soll trotzdem Schnellfrequenzdrehstrom erzeugt werden, so ist man gezwungen, Synchrongeneratoren (Abb. 30) aufzustellen. Der für die Erregung erforderliche Gleichstrom wird entweder in besonderen Erregermaschinen erzeugt oder er kann, falls ein Gleichstromnetz geeigneter Spannung zur Verfügung steht, diesem entnommen werden. Der große Nachteil der Synchrongeneratoren besteht darin, daß die gesamte Sekundärleistung $N_{2g}$ mechanisch zugeführt werden muß und daß ferner bei der synchronen Drehzahl erst 50-periodiger Strom zur Verfügung steht. Es muß besonders bei höheren Schnellfrequenzen die Drehzahl und damit die Läuferumfangsgeschwindigkeit gegenüber den Induktionsumformern

Abb. 30. Synchrongenerator zur Schnellfrequenzerzeugung ohne Primärdrehstrom (*AEG*).

(Asynchronmotoren) bedeutend höher sein. Da außerdem die Synchronmaschinen wesentlich teurer sind als die Asynchronmaschinen, kann es bei höherer Schnellfrequenz und größeren Leistungen billiger sein, wenn der Synchrongenerator nur so groß bemessen wird, daß er zur Speisung des eigentlichen Asynchronumformers dienen kann. Dabei ist zu berücksichtigen, daß der Synchrongenerator gleichzeitig den gesamten Blindstrom decken muß, der sich durch die Wahl geeigneter Arbeitsmotoren und durch Verwendung von Kondensatoren einschränken läßt. Als Vorteil der Synchrongeneratoren muß dagegen genannt werden, daß sie eine Änderung der Sekundärspannung, wenn auch nur in geringem Ausmaß, zulassen.

## B. Ruhende Wandler.

Für Werkzeugmaschinenantriebe werden vorläufig ruhende Wandler, welche Drehstrom erhöhter Frequenz erzeugen, noch nicht verwendet, doch muß wegen ihrer vielfachen Vorteile damit gerechnet werden, daß sie in Sonderfällen noch Bedeutung gewinnen. Ihre Verwendung setzt zunächst das Vorhandensein irgendeines Stromes voraus. Weiterhin muß die Möglichkeit bestehen, den Gitterkreis dieser sog. „Stromrichter" durch entsprechend ausgebildete Steuergeräte zu beeinflussen. Wird mittels eines Stromrichters Gleichstrom in Drehstrom umgewandelt, so spricht man von einem „Wechselrichter", während zur Umformung von Drehstrom bzw. Wechselstrom einer bestimmten Frequenz in Dreh- oder Wechselstrom einer anderen Frequenz „Umrichter" benutzt werden (Abb. 31). Bei den Umrichtern kann der gelieferte Drehstrom entweder durch Gleichrichter zunächst in Gleichstrom und dieser dann durch Wechselrichter in den gewünschten Drehstrom umgeformt werden, wobei man Spannung und Frequenz wählen kann oder aber es wird Drehstrom durch eine entsprechende Aussteuerung der Stromrichtgefäße unmittelbar in andersperiodigen Drehstrom umgewandelt. Die für die Steuerung erforderlichen Geräte sind klein und einfach zu bedienen. Die Stromrichtgefäße bedürfen, da sie ruhende Wandler sind, keiner besonderen Wartung und besitzen außerdem einen hohen Wirkungsgrad. Ein weiterer großer Vorteil ist, daß nicht nur die Frequenz, sondern auch die Spannung beeinflußt werden kann. Aus Preisgründen haben jedoch Stromrichtgefäße in Umrichterschaltung bis jetzt nur für große Leistungen beim Bahnbetrieb und für Hochfrequenzöfen Anwendung gefunden. Da bei Bahnbetrieb eine sehr niedrige Frequenz ($16^2/_3$ Hz) und bei Hochfrequenzöfen eine Frequenz von mehreren 1000 Hz benutzt wird, fehlen die Erfahrungen mit Stromrichtgefäßen für die Schnellfrequenzen. In den angegebenen Fällen haben sich diese Umrichter in jeder Weise bewährt.

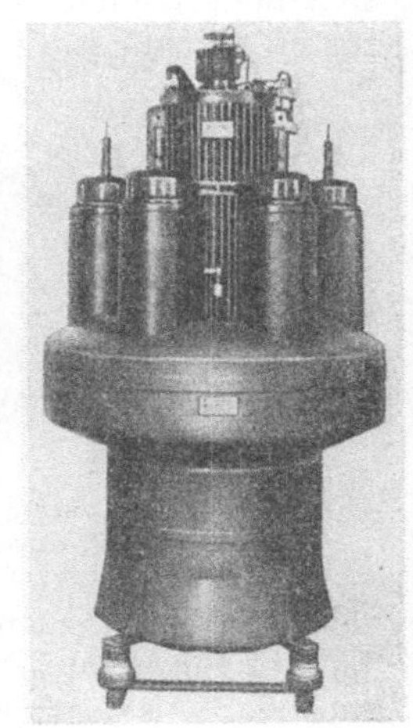

Abb. 31. Umrichter. Ruhender, röhrengesteuerter Frequenzwandler (*AEG*).

## C. Verteilung.

Aus dem bisher Gesagten geht hervor, daß es für die Wahl des Induktionsumformers ausschlaggebend ist, ob er nur einen Motor oder mehrere speisen soll. Als zu Anfang der Entwicklung die Vorteile der schnellaufenden Motoren noch nicht genügend bekannt waren und noch keine einheitliche Planung für Betriebswerkstätten sich durchgesetzt hatte, erhielt bei einer Neuanschaffung gewöhnlich jeder schnellaufende Motor seinen eigenen Umformer oder es wurden bestenfalls die Motoren einer größeren Werkzeugmaschine an einen besonderen Umformer angeschlossen. Als dann einzelne Werke, insbesondere der holzbearbeitenden Industrie und im Leichtmetallbau, dazu übergingen, den ganzen Betrieb auf schnellaufenden Einzelantrieb umzustellen, wurde nicht nur die Aufstellung eines gemeinsamen Umformers erforderlich, sondern es tauchte auch die Frage einer Frequenz- und Spannungsnormung auf. Bei der Verteilung der Frequenz vom Umformer zur Maschine können drei Fälle auftreten: Einzelversorgung, Maschinennetz und Werkstattnetz.

**25. Einzelversorgung** ist überall da notwendig, wo nur ein einziger Motor mit höherer Drehzahl laufen soll oder aber für einen Motor eine bestimmte Drehzahl gefordert wird, die mit den Drehzahlen der anderen schnellaufenden Motoren nicht in Einklang gebracht werden kann. Einzelversorgung ist auch nötig, wenn eine Drehzahlverstellung während des Betriebes für diesen einen Motor verlangt wird. Bei der Einzelversorgung versucht man, den Frequenzwandler mit der Werkzeugmaschine zusammenzubauen. Dabei läßt sich beste Raumausnutzung mit kürzester Leitungsführung gut verbinden. Soweit es durchführbar ist, wird der

Abb. 32. Einachsumformer (*AEG*).

Umformer in den Maschinenfuß oder Maschinenständer eingebaut. Bei kleineren Umformern besteht die Möglichkeit, in Fällen, bei denen es auf große Platzersparnis ankommt, einen Einachsumformer (Abb. 32 und 33) einzubauen. Eine andere

Ausführung mit Zweimaschinensatz zeigt Abb. 34, während Abb. 35 einen Dreimaschinensatz zeigt. Während es keine Verwunderung erregt, wenn eine Werkzeugmaschine zur Speisung eines Motors mit einem aus mehreren Motoren bestehenden Leonardantrieb ausgerüstet und dann die hohe Dreh

Abb. 33. Einachsumformer
(*A. Bitter*, Kassel).

Abb. 34. Zweimaschinensatz-Umformer, geschlossene Bauform.
(*Himmelwerk A.G.*, Tübingen).

zahl mittels Riemenübersetzung erzielt wird, hat man bisher Bedenken, zum Elektro-Einzelantrieb in Verbindung mit einem steuerbaren Frequenzwandler überzugehen. Als Antrieb kann dabei entweder ein Stufengetriebe, wenn einzelne Frequenzstufen genügen, oder aber ein polumschaltbarer Motor oder steuerbarer Gleichstrommotor benutzt werden. Durch die gegenseitige Abhängigkeit von Spannung und Frequenz ist zwar der Leonardbetrieb dem Umformerbetrieb hinsichtlich des Steuerbereichs überlegen, doch läßt sich dagegen durch polumschaltbare Arbeitsmotoren leicht ein Ausgleich schaffen. Diese

Abb. 35. Dreimaschinensatz zur Erzeugung von zwei Frequenzen oder einer
sehr hohen Frequenz durch Doppelumformung (*Siemens*).

Lösung findet schon heute Anwendung in Fällen, in denen eine stufenweise Drehzahländerung genügt.

**26. Maschinennetz.** Die Voraussetzung für ein Maschinennetz sind mehrere schnellaufende Motoren in einer Werkzeugmaschine, wobei entweder alle derartigen Motoren mit der gleichen Drehzahl laufen sollen oder aber durch Verwendung verschiedener Motorpolzahlen das Vorhandensein einer Frequenz ausreicht, um die geforderten Drehzahlen zu erzielen. Auch bei Maschinennetzen ist eine Frequenzänderung durchführbar, wenn die Drehzahlen aller versorgten Motoren gleichzeitig und im gleichen Ausmaß geändert werden können oder aber durch Verwendung polumschaltbarer Motoren die durch Frequenzerhöhung bedingte Drehzahlerhöhung bei einzelnen Motoren wieder ausgeglichen werden kann.

Für Maschinennetze muß mit einem größeren Leistungsbedarf gerechnet werden. Einachsumformer sind daher besonders mit Rücksicht auf die Lagerung und Wartung nicht mehr angebracht. Hier wird der Zweimaschinensatz verwendet, den man zur Erzielung einer günstigen Leitungsführung möglichst nahe an die Maschine heransetzt, sofern eine Unterbringung im Maschinenfuß nicht mehr durchführbar ist.

**27. Werkstattnetz. a)** *Planung.* Während die Begriffe „Einzelversorgung" und „Maschinennetz" eindeutig sind, ist die Bezeichnung „Werkstattnetz" als Sammelbegriff zu betrachten. Werkstattnetz besagt, daß in einem Betrieb ein Umformer nicht nur einen Arbeitsmotor oder eine Maschine mit Strom höherer Frequenz speist, sondern für mehrere voneinander unabhängige Maschinen bestimmt ist, wobei es unwesentlich ist, ob diese in einem oder in verschiedenen zu einem Betrieb gehörigen Räumen stehen. Je mehr Motoren an einen Umformer angeschlossen werden, um so wirtschaftlicher wird der Betrieb. Aus diesem Grunde soll bei einer Planung nicht zunächst gefragt werden, wieviel Frequenzen erforderlich und wieviel Motoren mit den einzelnen Schnellfrequenzen zu speisen sind, sondern welche Fre-

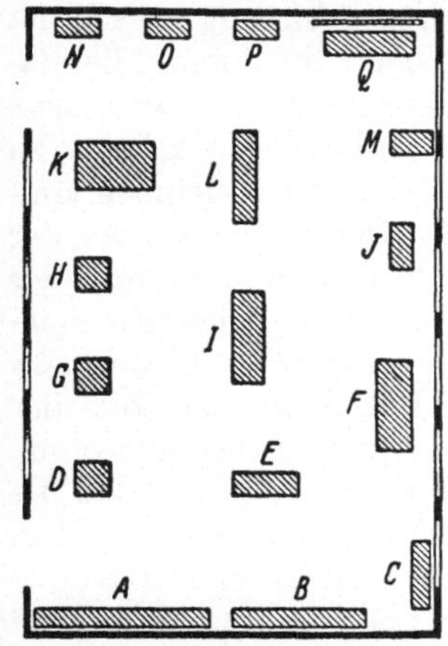

Abb. 36. Maschinenaufstellung.

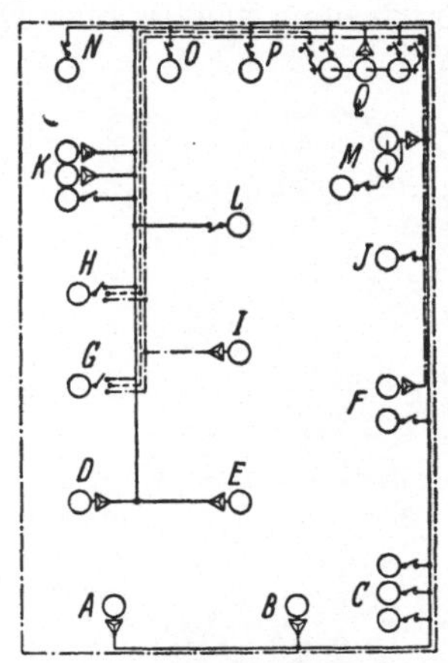

Abb. 37. Antrieb der Maschinen durch Netze von 50, 75 u. 100 Hz. Außerdem 300 Hz-Umformer für Oberfräse gesondert

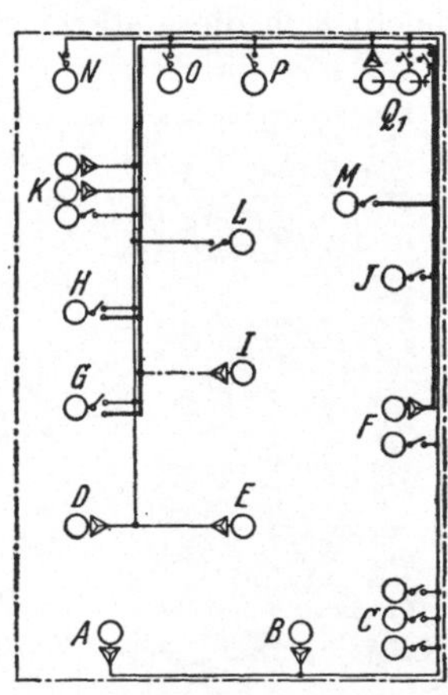

Abb. 38. Nur noch zwei Netze mit 50 Hz und 300 Hz.

Abb. 36—38. Lageplan und Schaltpläne einer mittleren Holzbearbeitungswerkstatt.

*A* Pendelsäge;
*B* Kappsäge;
*C* Astlochbohrmaschine;
*D* Tischkreissäge;
*E* Bandsäge;
*F* Dicktenhobelmaschine,
*G* u. *H* Tischfräse;

*I* Abrichte- u. Fügemaschine;
*J* Langlochbohrmaschine;
*K* Zweizylinderschleifmaschine;
*L* Bandschleifmaschine;
*M* Oberfräse, in Abb. 36, mit eingebautem Einachsumformer für 300 Perioden;
*N* Hobelmesserschleifmaschine;

*O* Band- und Kreissägenschleifmaschine;
*P* Werkzeugschleifmaschine;
*Q* Periodenumformer (Dreimaschinensatz) mit Hauptschalttafel.

Sterndreieckschalter;  Hebelschalter, ——— Netz mit 50 Per/s;  ---- Netz mit 75 Per/s;  —··— Netz mit 100 Per/s und ——— Netz mit 300 Per/s.

quenz unter Ausnutzung der verschiedenen Motorpolzahlen alle Forderungen erfüllen kann. Es muß nötigenfalls versucht werden, die Schnittgeschwindigkeit der Werkzeuge den durch diese Frequenz erreichbaren Drehzahlwerten anzupassen. In Abb. 36 und 37 ist der Lage- und Schaltplan einer mittleren Holzbearbeitungswerkstatt gezeigt, wie sie den heutigen Verhältnissen entspricht. Abb. 38 gibt an, wie in Zukunft geplant werden könnte. In Abb. 37 ist für die Oberfräse ein eigener 300-periodiger Umformer, für die Hobelmaschinen und Fräsen ein 75—100-periodiges Werkstattnetz vorgesehen, für die übrigen Holzbearbeitungsmaschinen und die Vorschubantriebe ein 50-periodiges Netz. Die mit Schnellfrequenz gespeisten Motoren sind in der beschriebenen Werkstatt alle 2-polig ausgeführt. In der verbesserten Anlage (Abb. 38) ist nur ein 300-periodiges Netz neben dem normalen 50-periodigen Netz vorgesehen. Jetzt ist nur der Oberfräsenmotor 2-polig, während die Motoren für die Abrichthobelmaschine 6- oder 8-polig und für die Dicktenhobelmaschine 6-polig ausgeführt sind. Für die Fräsen können Arbeitsmotoren mit getrennten Wicklungen geliefert werden, die wahlweise entweder an die Schnellfrequenz oder an das normale Netz angeschlossen werden. Ein wahlweiser Anschluß derselben Wicklung an beide Netze ist infolge des großen Frequenzunterschiedes zwischen 50 und 300 Hz nicht möglich.

**b) *Umformerausnutzung.*** Der Vorteil der Werkstattnetze beruht hauptsächlich
in der besseren Ausnützbarkeit des Umformers. Nur selten sind alle hochdrehzahligen Motoren gleichzeitig eingeschaltet und gleichzeitig vollbelastet. Man kann
vielmehr mit einer mittleren Belastung rechnen, die sich je nach den Betriebsbedingungen ändert und häufig bei ungefähr 60% des Gesamtanschlußwertes der Motoren liegen wird. Wird dieser Wert überschritten, so werden die Umformermaschinen zwar stärker warm, aber wenn diese Überbelastung vorübergehend ist,
gleicht sich diese stärkere Erwärmung wieder aus. Die Überbelastung an sich ist
unbedenklich, wenn die damit verbundenen Spannungsschwankungen keine zu hohen Werte annehmen können. Der Wirkungsgrad der Umformer wächst mit der
Größe und schließlich spielen bei großen Umformern
die Einschaltstromstöße der einzelnen Arbeitsmotoren
kaum eine Rolle, so daß besondere Maßnahmen zur Herabsetzung dieser Stromstöße nicht notwendig sind. In Betrieben mit einem Werkstattnetz ist die Maschinenaufstellung so ungebunden und freizügig, wie es bei elektrischer Einzelversorgung immer der Fall ist.

Abb. 39. Dreimaschinensatz zur Erzeugung der beiden Schnellfrequenzen
für die Schaltung nach Abb. 37 mit dazugehöriger Schalttafel.

Bei Werkstattnetzen werden die Umformer vielfach in besonderen Räumen
untergebracht (Abb. 39), in denen gleichzeitig, soweit erforderlich, auch die Schalttafeln aufgestellt werden. Ist ein Abschalten während der Leerlaufzeit mit Rücksicht auf die Eigenart des Arbeitsverfahrens nicht möglich, laufen die Arbeitsmotoren also schwach- oder unbelastet, so ist mit einer hohen Belastung des Induktionsumformers durch Blindstrom zu rechnen. In derartigen Fällen empfiehlt sich
zur Verbesserung des Leistungsfaktors $\cos \varphi$ der Einbau von Kondensatoren. Der
Einbau von Kondensatoren kann im übrigen dazu benutzt werden, eine Anlage ohne
Vergrößerung des Umformers zu erweitern. Sie entlasten nämlich den Induktionsumformer vom Blindstrom und ermöglichen somit eine höhere Wirkstromabgabe.

**c) *Parallelbetrieb.*** Im Gegensatz zur Einzelversorgung und zum Maschinennetz
wird in Werkstattnetzen weder die Frequenz, noch die Spannung geändert, da hier
nicht damit gerechnet werden kann, daß eine gleichzeitige Änderung der Drehzahlen
aller Motoren möglich sein wird. Kommen in Betrieben große Belastungsschwankungen vor, wobei aber die einzelnen Belastungswerte über lange Zeit gleich bleiben,
so muß man sich durch eine Wirtschaftlichkeitsberechnung darüber klar werden,
ob eine Unterteilung des Umformers in zwei kleinere Umformer zweckmäßig ist.
Bei Verwendung von Synchrongeneratoren mit gemeinsamem Antriebsmotor ist die
Parallelschaltung ohne weiteres möglich. Bei asynchronen Generatoren, um die es
sich bei der Erzeugung von Schnellfrequenz meistens handelt, treten infolge der

Charakteristik der einzelnen Maschinen bei der Parallelschaltung mehr oder weniger große Schwierigkeiten auf. Hat sich ein Betrieb für die Aufstellung mehrerer Umformer zur Erzeugung einer Frequenz entschieden, so ist es zur Vermeidung von Störungen bei der Zuschaltung vorteilhafter, in der Zentrale für jeden Umformer sekundärseitig getrennte Sammelschienen anzuordnen und im Bedarfsfalle die einzelnen Stromverbraucher auf die eine oder andere Sammelschiene zu schalten. Bei dieser Lösung ist man nicht gezwungen, die Antriebsmotoren der Asynchrongeneratoren und diese selbst besonders aufeinander abzustimmen. Bei unterschiedlichen Fabrikaten, verschiedenen Maschinengrößen oder -typen ist dies kaum durchführbar. Bei der Aufteilung des Stromverbrauches auf die einzelnen Umformer ist es weniger wichtig, auf die Höhe des Kraftbedarfes zu achten, als darauf, welche Belastungs- und damit Spannungsschwankungen in den einzelnen Teilnetzen auftreten können und welche Empfindlichkeit die angeschlossenen Motoren diesen Spannungsschwankungen gegenüber aufweisen.

## IV. Schalten und Bremsen.

### A. Schaltgeräte.

In diesem Abschnitt werden nur die Schaltgeräte behandelt, die im Zusammenhang mit dem Schnellfrequenzantrieb von Bedeutung sind. Für die Auswahl dieser Geräte sind nicht nur elektrische, sondern vielfach auch mechanische Gesichtspunkte maßgebend. Neben der höchstzulässigen Ein- bzw. Abschaltleistung spielt die Frage der verlangten Schalthäufigkeit, die Frage der Hand- und Fernbetätigung, der unmittelbaren Einschaltung, Sterndreieck- oder Polumschaltung sowie die Abhängigkeitsschaltung und Verriegelung eine Rolle. Schließlich kann auch noch die Schutzart des Schalters ausschlaggebend sein. Bei Handbetätigung verwendet man am häufigsten Walzen- oder Motorschutzschalter, bei Fernbetätigung Luft- oder Ölschütze, die gleichzeitig auch Motorschutzschalter sein können.

**28. Walzenschalter.** Die Walzenschalter bieten die Möglichkeit, in einem Schalter die verschiedensten Schaltfolgen zu vereinigen. Die Zahl der Schaltstellungen wird durch den kleinsten zulässigen Schaltwinkel begrenzt, für die Zahl der gleichzeitig durchführbaren Schaltverbindungen ist die Walzenlänge ausschlaggebend, da bei zu langer Walze eine Durchbiegung und damit schlechte Kontaktgabe zu erwarten ist. Außerdem legt der Gesamtkontaktdruck das für die Schalterbetätigung erforderliche Drehmoment fest. Bei Verwendung von Walzenschaltern kann zwar eine Einschaltreihenfolge festgelegt werden, jedoch besteht keine Abhängigkeitsschaltung, wenn ein Motor infolge Überlastung ausfällt. Auch fehlt die Spannungsabhängigkeit des Schalters. Bleibt also beispielsweise bei Mehrmotorenantrieben die Spannung aus, so bleiben nach Beendigung der Auslaufzeit alle Motoren stehen, um dann bei Wiederkehr der Spannung gleichzeitig ohne Rücksicht auf etwa erforderliche Einschaltreihenfolge wieder hochzulaufen.

Im allgemeinen rechnet man bei Walzenschaltern mit 10—30 Schaltungen in der Stunde. Werden höhere Werte verlangt, so ist außer einer besonders sorgfältigen Lagerung und einer mechanisch kräftigeren Kontaktausführung auch eine Herabsetzung der Schaltleistung erforderlich. Der Stromdurchgang durch einen Leiter hat eine Erwärmung desselben zur Folge. Zwischen Kontakten ist immer mit einem zusätzlichen Übergangswiderstand und damit mit zusätzlicher Erwärmung zu rechnen. Diese Kontakterwärmung darf zur Vermeidung eines unzulässigen Kontaktabbrandes nicht zu groß werden. Je häufiger daher der Einschaltstrom auftritt, um so niedriger muß er gehalten werden, damit die Grenzerwärmung niedrig bleibt. Bei dieser Gelegenheit sei darauf hingewiesen, daß ölgekühlte Schalter den luftge-

kühlten infolge der schlechten Wärmeleitfähigkeit des Öles unterlegen sind und nur
dann für große Schalthäufigkeit benutzt werden dürfen, wenn das Herstellerwerk
dies nach Prüfung der Betriebsverhältnisse zuläßt.

Abb. 40. Kleinwalzenschalter (*Klöckner*).

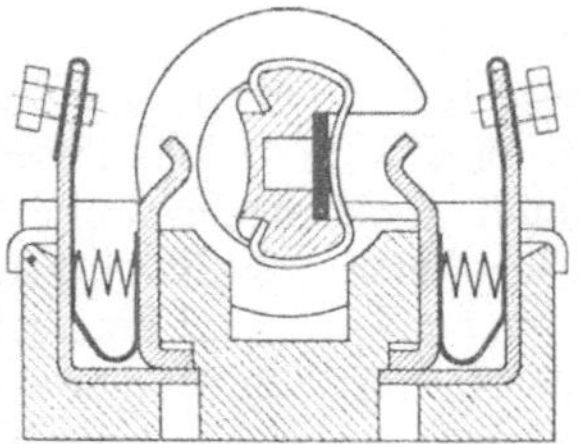

Abb. 41. Aufbau eines guten Walzenschalters. Reich-
lich bemessene Walzenkontakte, hohe Funkenschutz-
trennwände, Schraubenfedern an Stelle von Blattfedern.

Abb. 42. Steuerwalze für Mehrmotoreneinschaltung
(*Klöckner*).

Die gebräuchlichsten Ausführungen des Walzenschalters sind die Netz-, Stern-
Dreieck-, Umkehr-, Einfach- und Mehrfachpolumschalter. Außerdem findet man
Schalter, die mehrere dieser Aufgaben vereinen, wie z. B. Umkehr-Stern-Dreieck-

Abb. 43. Walzenschalter für hohe Beanspruchung. Der Griff ist nur in der Abschlußplatte
gelagert, Schalter selbst ist entlastet (*Klöckner*).

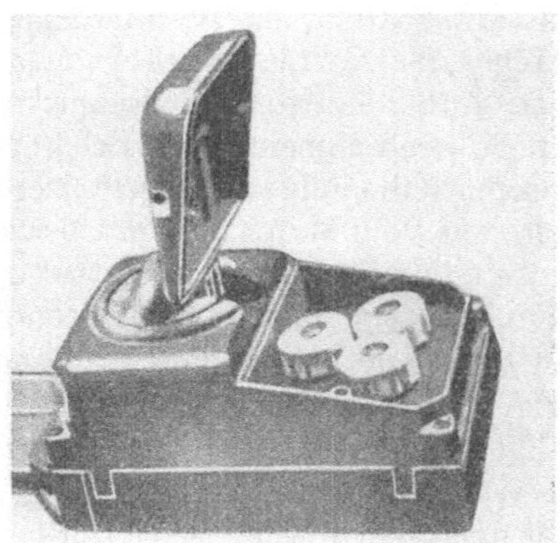

Abb. 44. Isoliergekapselter Walzenschalter. Die
Klappe über den Sicherungen kann nur geöffnet
werden, wenn ausgeschaltet ist (*Klöckner*).

schalter. Im Zusammenhang mit Schnellfrequenzmotoren werden auch Netzumschalter benötigt, die gegebenenfalls als Mehrzweckschalter von Bedeutung sind. Es
ist hierbei jedoch besonders wichtig, daß beim Weiterschalten kein Lichtbogen
stehen bleiben kann, der sonst zu einem Netzkurzschluß führt. Für die Sicherheit

des Schaltens sind gut ausgebildete Rasten in den einzelnen Schaltstellungen erforderlich, sowie Maßnahmen, die ein schleichendes Schalten oder ein Stehenbleiben der Schalterwalze zwischen den einzelnen Schaltstellungen verhindern.

Während früher die Walzenschalter als blech- oder gußgekapselte Aufbauschalter geliefert wurden, findet man heute je nach dem Anwendungszweck die verschiedensten Formen. In den Abb. 40—44 sind Walzenschalter der verschiedensten Ausführungen gezeigt. Diese Vielfältigkeit gilt auch bzgl. des Betätigungsgriffes, der als Handrad, Knebel, Kugelgriff u. dgl. ausgebildet sein kann.

**29. Schütze.** Bei den Schützen wird die zum Einschalten erforderliche Kraft durch einen Schaltmagneten aufgebracht. Wird die Spule des Magneten an eine Spannung gelegt, so zieht das Schütz an, die Schützkontakte werden geschlossen (Arbeitskontakte) oder geöffnet (Ruhekontakte). Das Einschalten kann entweder durch kurzzeitiges Schließen eines Kontaktes oder durch Dauerkontaktgabe erfolgen. Im Falle des kurzzeitigen Schließens muß ein besonderer Arbeitskontakt beim Schalten des Schützes einen Selbsthaltestromkreis schließen, der dem Magneten die Spannung zuführt und so ein Wiederabfallen des Schützes verhindert. Im Fall der Dauerkontaktgabe muß durch eine Wiedereinschaltsperre dafür gesorgt werden, daß bei einem Abfallen des Schützes infolge kurzzeitigen Ausbleibens der Spannung kein unbeabsichtigtes Wiedereinschalten des Schützes bei Wiederkommen der Spannung eintreten kann. Je nachdem, ob die Schützenkontakte in Luft oder Öl arbeiten, spricht man von Luft-

Abb. 45. Schütz: Magnetisch betätigter, fernsteuerbarer Schalter (*Klöckner*).

oder Ölschützen. Der durch das Schütz fließende Strom kann zur Erwärmung irgendwelcher Teile, wie Bimetallstreifen, herangezogen werden, die dann entweder elektrisch oder mechanisch auf die Magnetspule oder eine Schaltwelle einwirken. Ist ein derartiger Bimetallstreifen so bemessen, daß er beim Erreichen der Stromstärke, die dem zugehörigen Motor schädlich werden könnte, das Schütz, allerdings mittelbar, zum Abfallen bringt, so wird der Motor damit gegen Überlastung geschützt und man bezeichnet dann diese Vereinigung von Schalter oder Schütz und Wärmeauslöser als Motorschutzschalter. Die Auslösezeit des Wärmeauslösers ist verschieden lang, je nach der Größe des Unterschiedes zwischen der eingestellten und der tatsächlich auftretenden Stromstärke. Bei Kurzschluß muß die Stromzuführung sofort unterbrochen werden. Dies geschieht entweder durch die bekannten Sicherungen oder durch eine im Schalter angeordnete Schnellauslösung. Diese Schnellauslösung bewirkt bei Eintreten eines Kurzschlusses ein so schnelles Abfallen des Schützes, daß der Kurzschluß auf den zu schützenden Motor keine nachteilige Wirkung ausüben kann.

Bezüglich der Schalthäufigkeit gilt für die Schütze das gleiche wie für die Walzenschalter. Dabei ist das Luftschütz dem Ölschütz überlegen. Bei den Schützen spielt hinsichtlich der Lebensdauer der Kontakte auch die Abschaltleistung eine Rolle, da hier besonders bei Schützen in Verbindung mit Schnellauslösung damit gerechnet werden muß, daß bei unachtsamer Bedienung mehrmals der Kurzschlußstrom oder der volle Einschaltstrom abgeschaltet werden muß und daß dabei kein

Schweißen der Kontakte oder unzulässiger Kontaktabbrand auftreten darf. Zur Erhöhung der Lebensdauer werden die Kontakte vielfach mit Edelmetallüberzug versehen.

Die Fernschalter (Schütze) für Drehstrommotoren sind meist dreipolig. Umschalter und Polumschalter werden aus einer entsprechenden Anzahl einzelner dreipoliger Schalter zusammengesetzt, während als Stern-Dreieck-Fernschalter vereinzelt auch Sonderausführungen Verwendung finden.

Setzt ein Schaltvorgang die Zusammenarbeit mehrerer Schalter voraus, so

Abb. 46. Wendeschütz zur Drehzahlumkehr, geschlossen und offen (*Klöckner*).

Abb. 47. Niederspannungsschütz. Schaltmagnet in Öl, Kontakte in Luft (*Klöckner*).

erhalten die Fernschalter zusätzliche Kontakte, um eine gegenseitige Abhängigkeit — Verriegelung — der einzelnen Schalter zu ermöglichen. Im Abschnitt B „Verriegelung" auf Seite 39—42 wird hierauf noch näher eingegangen.

Die Ölschalter werden aus naheliegenden Gründen nur mit Gehäuse geliefert, wobei das Gehäuse aus Guß oder Preßstoff u. dgl. besteht. Bei den Luftschaltern sind dagegen die verschiedensten Ausführungen üblich, je nachdem ob die Schalter an einer Wand, außen an einer Maschine, innerhalb eines Schaltschrankes oder im Innern einer Maschine angebracht werden sollen. Die Abb. 45—48 geben einen Überblick.

**30. Motorschutzschalter.** Es wurde schon erläutert, daß der durch einen Schalter fließende Strom dazu benutzt werden kann, bei unzulässig hohem Stromdurchgang den Schalter zwangsläufig abzuschalten. Dabei kann der Strom mittelbar oder unmittelbar auf das wärmeempfindliche Teil einwirken. Der Wärmeauslöser kann eine Metallverbindung sein, welche bei verhältnismäßig niedriger Temperatur schmilzt. In diese Metallverbindung ist eine unter Federspannung stehende Achse eingebettet, die durch das Weichwerden der Metallverbindung zurückschnellen und damit den Schalter zum Abfallen bringen kann. Eine andere Ausführung besteht darin, daß zwei Metallstreifen, die sich bei Erwärmung verschieden stark ausdehnen, zu einer Spirale oder zu einem Streifen zusammengesetzt sind. Wie Abb. 49 zeigt, gibt dieser Streifen bei der Durchbiegung einen Auslösehebel frei, der das Schaltgerät abschaltet. Dabei kann der Bimetallstreifen mittelbar oder unmittelbar erwärmt und auf verschiedene Stromstärken eingestellt werden. Bei den handbetätigten Schaltern wird das Abfallen rein mechanisch bewirkt, da keine Abhängigkeit von der Spannung besteht, während bei den Fernschaltern der stromabhängige Teil beim Auslösen einen Kontakt öffnet, der die Spule spannungslos macht und damit den Schalter abschaltet. Die Einstellung der Schalter auf die verschiedenen Stromstärken

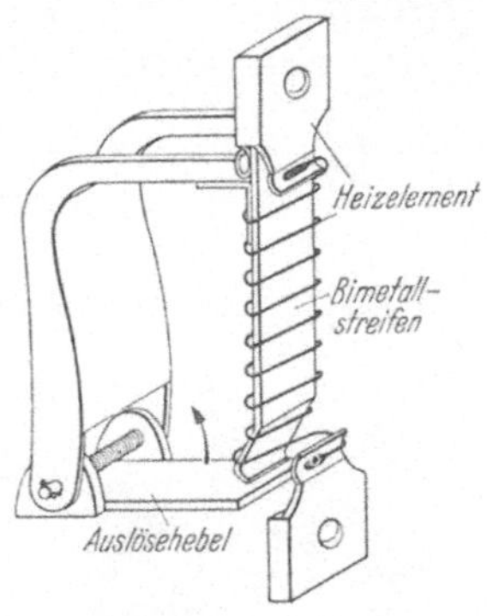


Abb. 48. Schaltgerätgruppe mit Walzenschaltern, Schützen und Verteilerkästen (*Klöckner*).

Abb. 49. Überstromauslöser.

erfolgt entweder durch die Änderung der erforderlichen Durchbiegung, bis der Bimetallstreifen ein Auslöseteil freigeben kann, oder durch Auswechseln der Heizstreifen für den Bimetallauslöser.

Zum Schutz der Motoren muß weiterhin dafür gesorgt werden, daß etwa auftretende Kurzschlüsse sich nicht auf die Motorwicklung schädlich auswirken können. Besonders die großen Schalter werden vielfach mit der sog. Schnellauslösung versehen, die dafür sorgt, daß der Schalter sofort abfällt, wenn ein bestimmtes Vielfaches des Nennstromes auftritt. Fehlen derartige Schnellauslöser im Schalter, so muß der Motor gegen Kurzschluß durch die üblichen Schmelzsicherungen abgesichert werden.

Abb. 50. Druckknopfschalter (*Klöckner*).

**31. Betätigungsschalter.** Der Begriff Betätigungsschalter umfaßt alle Geräte, welche dazu dienen, die fernbetätigten Schalter und die Schalter mit einer spannungsabhängigen Spule ein- oder auszuschalten. Die gebräuchlichsten Formen sind die Druckknopf- und die Schwenkschalter (Abb. 50 und 51) für Handbetätigung, sowie die Endschalter zur Begrenzung eines Arbeitsweges (Abb. 52). Daneben gibt es als Sonderformen Kugel-, Paket-, Walzen- und Kippschalter (Abb. 53 und 54). Der Paket- und der Walzenschalter kommen, wie der sog. Kammernockenschalter

(Abb. 55 und 56), jeweils dann in Frage, wenn zwischen verschiedenen Schaltmöglichkeiten gewählt werden kann. Sie dienen dann zum Einstellen einer bestimmten Schaltfolge, während das Einschalten selbst durch einen Druckknopf oder Schwenkschalter erfolgt.

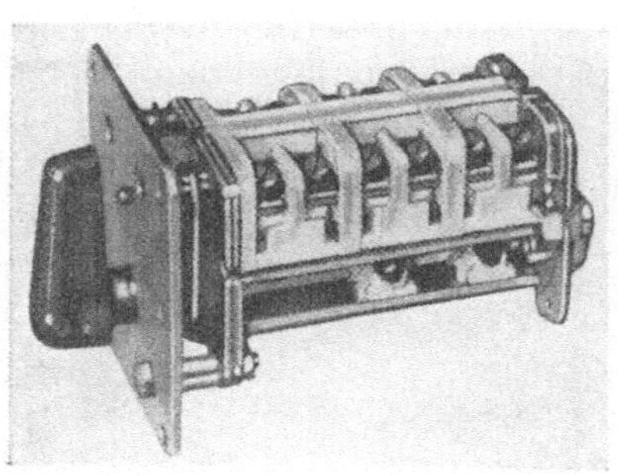

Abb. 51. Schwenkschalter (*AEG*).

Abb. 52. Endschalter zur Begrenzung von Bewegungen (*Klöckner*).

Abb. 53. Kugelschalter. Mehrfachschaltung mit einem Steuerschalter, z. B. nach oben, unten, rechts und links (*Siemens*)

Abb. 54. Fußtrittschalter (*AEG*).

Abb. 55. Nockenschalter (*AEG*).

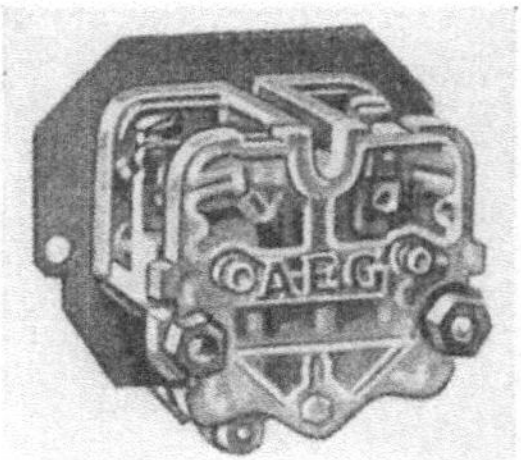

Abb. 56. Rollenumschalter (*AEG*).

In manchen Fällen, wie beispielsweise beim Kugelschalter ist es mechanisch unmöglich, gleichzeitig zwei oder mehr Schaltvorgänge auszulösen. Man spart hierdurch Verriegelungskontakte an den Fernschaltern und verbilligt damit die Ausrüstung. Wird ein Schalter nicht von Hand, sondern wie die Endschalter durch einen bewegten Teil der Werkzeugmaschine betätigt, so besteht die Gefahr, daß ein schleichendes Schalten eintritt und keine einwandfreie Kontaktgabe möglich ist. In einem solchen Falle sind Schnappschalter einzubauen, die durch Federbelastung plötzlich abschalten.

Hinsichtlich der Bauformen sind auch bei den Betätigungsschaltern Ein- und Aufbauschalter, blech-, guß- und isolierstoffgekapselte Ausführungen zu unterscheiden. Die Schalter werden einzeln an die Maschine angebaut oder zu Schalttafeln vereinigt, wobei dann zur Erhöhung der Betriebssicherheit Signallampen oder andere optische Anzeiger des Schaltzustandes erforderlich sind. Abb. 57 zeigt eine Steuersäule, bei der die Frontplatte symbolisch die zugehörige Hobelmaschine darstellt. In jedem Symbolteil sind die Schaltgeräte und Signallampen angeordnet, die zur Bedienung und Überwachung dieses Teiles erforderlich sind. Die übersichtliche Anordnung der Betätigungselemente ermöglicht kurze Griffzeiten.

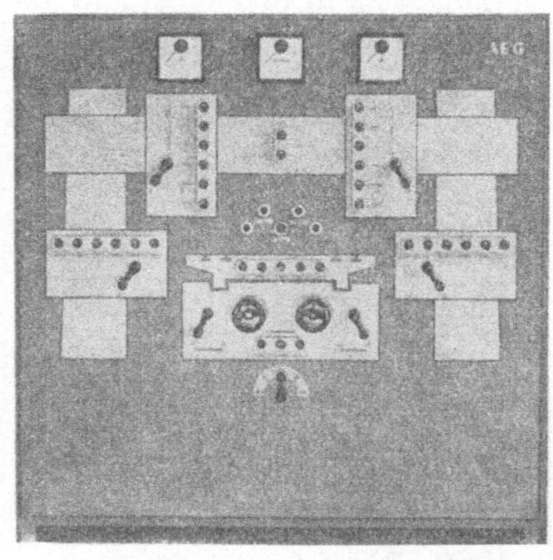

Abb. 57. Steuersäule mit Blindschaltbild für Hobelmaschine der Maschinenfabrik Wagner & Co. (*AEG*).

## B. Verriegelungen.

Verriegelungen können den verschiedensten Zwecken dienen. Sie können das gleichzeitige Einschalten mehrerer Schalter erzwingen oder eine Reihenfolge des Ein- oder Ausschaltens festlegen. Eine Verriegelung ist auch dann erforderlich, wenn der Schaltvorgang von irgendwelchen Einflüssen wie Zeit, Strom, Spannung, Fortschreiten des Arbeitsganges usw. gesteuert werden soll. Es würde den Rahmen dieses Werkstattbuches überschreiten, wenn man auf alle diese Fragen eingehen würde, doch sind sie so wichtig, daß hier wenigstens die gebräuchlichsten Fälle kurz gestreift werden.

**32. Stern-Dreieck-Fernschalter.** Beim Stern-Dreieck-Fernschalter soll der Motor zunächst in Sternschaltung an das Netz angeschlossen werden und wenn der Einschaltstrom abgeklungen ist, soll die Umschaltung auf Dreieck erfolgen. Den Zeitpunkt des Umschaltens kann man

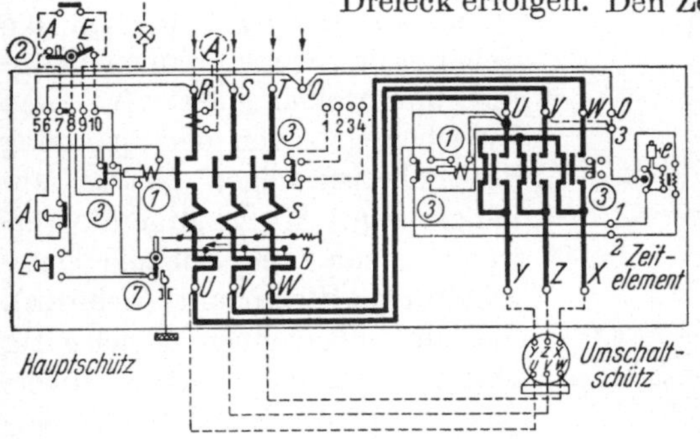

Abb. 58. Selbsttätiger Sterndreieckschalter. Schaltbild (*AEG*). *b* Wärme-(Bimetall-)Auslöser; *e* Einstellklemmschraube des Zeitelementes; *s* Schnellauslöser; *1* Schaltmagnet; *2* getrennt angeordneter Druckknopfschalter; *2a* getrennte Betätigungsschalter (Dauerkontakt), z. B. Schwimmerschalter; *3* Hilfsschalter; *7* Wiedereinschaltsperrkontakt. Bei getrenntem Druckknopfschalter entfällt Verbindung *2—3* bzw. *7—8*.

Abb. 59. Selbsttätiger Sterndreieckschalter nach Abb. 58. Ansicht (*AEG*).

durch verschiedene Maßnahmen festlegen. Vielfach wird in der Sternschaltung ein Bimetallstreifen beheizt, der nach bestimmter Zeit, die zum Abklingen des Einschaltstromes genügt, einen Kontakt schließt und damit das Dreieckschütz einschaltet oder der zunächst einen Kontakt öffnet, wodurch das Sternschütz abfällt, und dann erst das Dreieckschütz anzieht. Im ersten Fall muß, wie Abb. 58 und 59 zeigen, zwischen den Schützen eine mechanische Verbindung vorhanden sein und außerdem die Zugkraft des Dreieckschützes dem Sternschütz überlegen sein. An die Stelle des Bimetallstreifens kann auch ein Zeitrelais oder ein Stromwächter treten.

**33. Stern-Dreieck-Netzumschaltung.** Soll in einem Betrieb ein Motor wahlweise mit 50- und 100-periodigem Strom gespeist werden, wobei die Spannung in beiden Fällen 380 Volt beträgt, so muß dieser Motor an das 50-periodige Netz in Stern- und an das 100-periodige Netz in Dreieckschaltung angeschlossen werden. Um Fehlschaltungen zu vermeiden, sind bei der Verwendung von Fernschaltern diese elektrisch zu verriegeln, oder aber man vereinigt bei Handbetätigung den Netzumschalter und den Stern-Dreieck-Schalter gemäß Abb. 60 zu einem einzigen Schalter.

**34. Mehrmotorenantrieb.** Bei Mehrmotorenantrieb wird vielfach die Forderung gestellt, daß zwischen den einzelnen Motoren eine bestimmte Abhängigkeit vorhanden ist, um eine Beschädigung der Werkzeuge oder Ausschuß zu vermeiden. Ist beispielsweise eine Werkzeugmaschine mit zwei Arbeitsmotoren und einem Vorschubmotor ausgerüstet, so muß die Abhängigkeit bestehen bleiben, wenn beide oder nur einer der beiden Arbeitsmotoren in Betrieb genommen werden. Das Abschalten der Arbeitsmotoren kann dabei aus beliebigen Gründen von Hand, zwangsweise infolge von Überlastung bzw. wegen Ausbleibens der Spannung erfolgen. Sowie ein Arbeitsmotor abgeschaltet wird, muß der Vorschubmotor sofort selbsttätig abgeschaltet werden. Sofern die Arbeitsmotoren mit Schnellfrequenz, der Vorschubmotor mit Normalfrequenz gespeist wird, müssen die Schalter der Schnellfrequenzmotoren unmittelbar oder über sog. Zwischenrelais von der Spannung des höherperiodigen Netzes abhängig sein. Als Schaltgeräte verwendet man bei Abhängigkeitsschaltungen Fernschalter (Schütze), die im allgemeinen gleichzeitig Motorschutzschalter sind. Außerdem ist ein Wahlschalter erforderlich, um die jeweilige Abhängigkeit im Mehrmotorenbetrieb einzustellen. In Abb. 61 ist angenommen, daß alle Motoren am gleichen Netz liegen. Der Wahlschalter gibt die Möglichkeit, den Vorschubmotor in besonderen Fällen zum Einrichten und Anfahren auch allein laufen zu lassen, doch leuchtet dann aus Sicherheitsgründen eine Warnlampe auf.

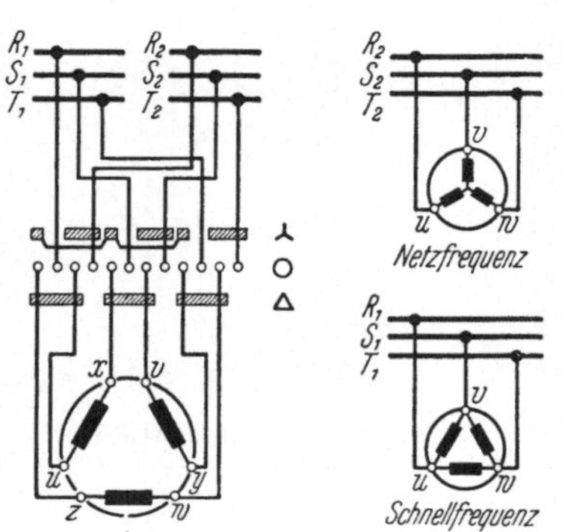

Abb. 60. Schaltplan eines Netzumschalters. Derselbe Motor in λ an 50 Hz oder in △ an 100 Hz.

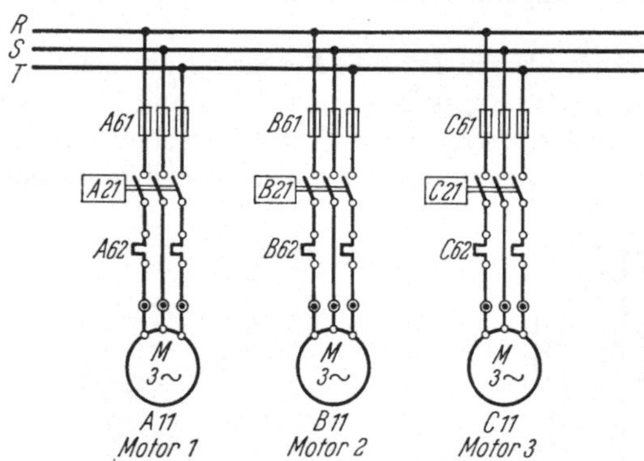

Abb. 61. Schaltplan eines Werkzeugmaschinenantriebes mit zwei Arbeitsmotoren (*1* u. *2*) und einem Vorschubmotor (*3*). Wahlschalter bestimmt, ob Vorschubmotor in Abhängigkeit von Motor *1* oder *2* verriegelt wird oder zum Einrichten ohne Verriegelung laufen soll. Hierbei brennt Warnlampe.

Mit zunehmender Anzahl der Motoren und damit auch der Schalter wird es unmöglich, die bisherige Art des Schaltplanes beizubehalten, wenn die gegenseitige

Verriegelung der Schalter in der Zeichnung klar erkennbar sein muß. Es empfiehlt sich in derartigen Fällen, auf die Darstellung der Hauptkontakte der Schalter sowie auf die der Leitungen zwischen Schalter und Motor zu verzichten und nur die Steuerleitungen, d. h. die für die Abhängigkeitsschaltung wichtigen Verbindungsleitungen zwischen Schützspulen, Hilfskontakten, Betätigungsschaltern, Wahlschaltern usw.

einschließlich dieser Schaltteile zu zeichnen. Die sinnfälligste Form dieser Darstellung ist das Stromlaufbild, bei dem gezeigt wird, welchen Weg der Strom, bezogen auf den jeweiligen Schalter, durchlaufen muß. Die Schalter werden dabei fortlaufend mit Zahlen bezeichnet, wobei diese Zahlen gleichzeitig als Kennziffer für die zugehörigen Hilfskontakte dienen, z. B. jeder Öffner und Schließer des Schalters 1 wird mit „1" bezeichnet. Öffner sind Kontakte, die bei eingeschaltetem Schütz, Schliesser solche, die bei abgeschaltetem Schütz geschlossen sind. Da

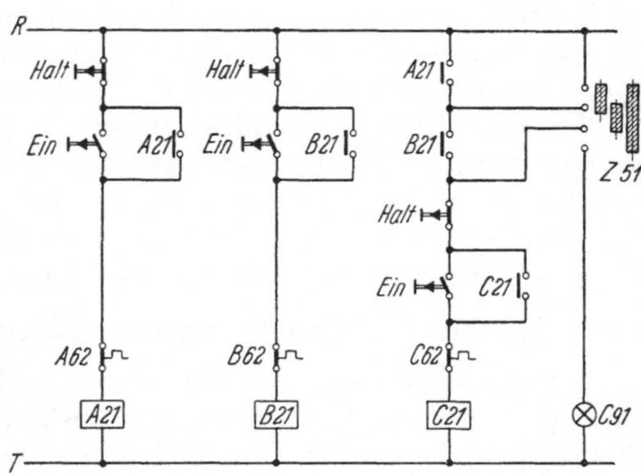

Abb. 62. Vereinfachtes Stromlaufbild zu Abb. 61.
Nur Steuerstromkreise.

derartige Schaltbilder häufig Verwendung finden, ist in Abb. 62 die in der vorhergehenden Abb. 61 gezeigte Schaltung auch als Stromlaufbild wiedergegeben. Es ist dabei zu beachten, daß beim Stromlaufbild auf die räumliche Anordnung der einzelnen Teile keine Rücksicht genommen wird, sondern daß einzig und allein die elektrischen Zusammenhänge maßgebend sind.

**35. Einschaltung von Induktionsumformersätzen.** Die Notwendigkeit der Verriegelung bei der Einschaltung von Stromwandlermaschinensätzen sei an einem Beispiel erläutert. Bei der Erzeugung von 75periodigem Strom wird meistens ein zweipoliger Induktionsumformer durch einen vierpoligen Motor angetrieben. Bei Kurzschluß im Sekundärnetz (Schnellfrequenz) könnte beim Einschalten zuerst die zweipolige Maschine hochlaufen und damit der Läufer der vierpoligen Maschine, die für diese Drehzahl nicht gebaut ist, gefährdet werden. Wenn dies auch ein ausgesprochener Sonderfall ist, so empfiehlt es sich trotzdem, die Reihenfolge des Einschaltens zwangsläufig festzulegen,

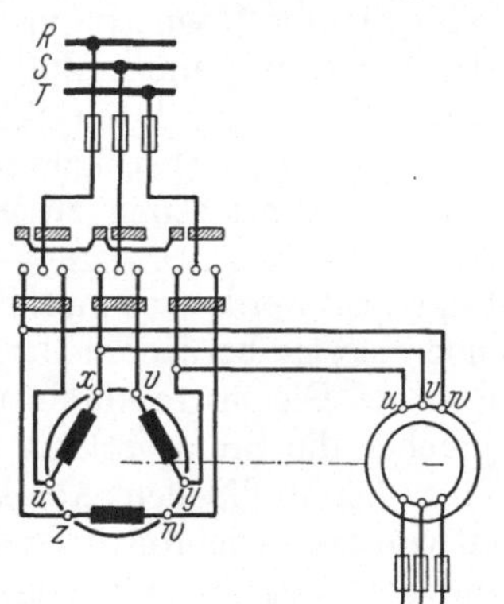

Abb. 63. Verriegelung des Umformers gegen den Antriebsmotor bei Einschaltung durch Walzenschalter. Der Sterndreieckschalter legt die Ständerwicklung erst an das Primärnetz, wenn der Antriebsmotor auf Dreieck geschaltet wird, der Umformersatz also schon hochgelaufen ist.

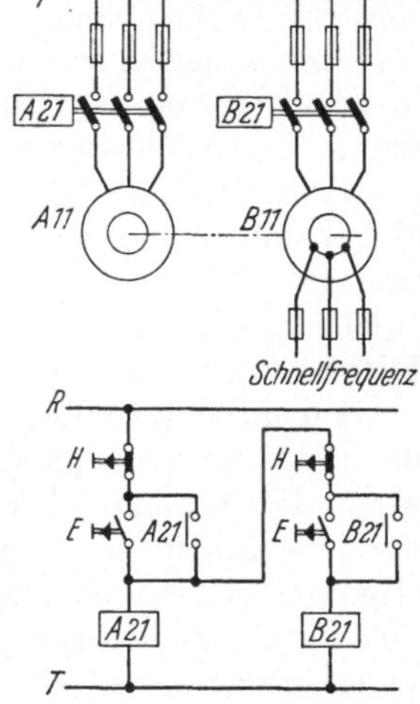

Abb. 64. Verriegelung des Umformers gegen den Antriebsmotor bei Schützensteuerung. Das Schütz *B 21* für den Umformer kann erst eingeschaltet werden, wenn der Motor über das Schütz *A 21* schon eingeschaltet ist.

zumal damit der Vorteil erzielt wird, daß die Ständerwicklung des Induktionsumformers nie an Spannung liegt, wenn der Umformer nicht in Betrieb sein soll.

In Abb. 63 ist die einfachste Form der Verriegelung bei Verwendung eines Stern-Dreieckschalters für den Antriebsmotor gezeigt, während Abb. 64 bei Verwendung von zwei Fernschalterngilt.

## C. Bremsen.

Schnellfrequenzmotoren werden nicht nur angewandt, um mit der besten Arbeitsgeschwindigkeit rechnen zu können, sondern auch in der Absicht, die Oberfläche des Werkstückes so sauber bearbeiten zu können, daß, wie beispielsweise bei den Oberfräsen, zusätzliche Arbeitsgänge überflüssig und damit Zeit und Geld gespart werden. Infolge der ausgezeichneten Lagerung dieser Motoren ist mit sehr langen Auslaufzeiten zu rechnen. Bei der Wahl der Mittel, um diese Zeiten weitgehend zu verkürzen, sind einige Punkte von besonderer Wichtigkeit. Die Länge der Auslaufzeit hängt von der in den umlaufenden Teilen steckenden Drehwucht $\frac{mv^2}{2}$ und den Verzögerungs- bzw. Bremskräften ab. Nachdem die Drehwucht durch die Motordrehzahl und die mechanische Ausbildung der Werkzeugmaschine festliegt, kann eine Verkürzung der Auslaufzeit also nur durch die Erhöhung der Bremskräfte erreicht werden. Genau wie beim Hochlauf des Motors die Beschleunigungskräfte und ihr zeitlicher Verlauf eine große Rolle spielen, ist dies auch hinsichtlich der Größe des zeitlichen Verlaufes der Verzögerungskräfte der Fall, nur daß hier noch zu beachten ist, daß bei verhältnismäßig schweren und unzweckmäßig befestigten Werkzeugfuttern sich diese bei häufigem und zu schnellem Bremsen lockern können. Als Faustregel kann man annehmen, daß das Bremsmoment dem Nennmoment entsprechen soll.

Die Bremsverfahren kann man in drei Gruppen einteilen, die rein mechanisch wirkenden Bremsen, die elektrisch beeinflußten oder gesteuerten Bremsen und das rein elektrische Bremsen. Zur ersten Gruppe gehören die altbekannten Backen- und Bandbremsen, zur zweiten die Bremslüftmagnete oder das Eldro-Gerät in Verbindung mit der ersten Gruppe, sowie die verschiedenen Arten von Verschiebeankermotoren und Motoren mit eingebauter Magnetbremse, zur dritten Gruppe die Gegenstrom- und die Gleichstrombremsung unter Zuhilfenahme der verschiedensten Mittel und in Sonderfällen die Bremsung durch Selbsterregung mittels Kondensatoren. Hilfsmittel sind besonders bei Gegenstrombremsung erforderlich, um ein Hochlaufen in der umgekehrten Drehrichtung zu verhindern, wie beispielsweise Fliehkraftschalter und Bremswächter.

Soll ein Motor häufig stillgesetzt werden, so muß berücksichtigt werden, daß die der Drehwucht entsprechende Energie bei jedem Bremsen in Wärme umgewandelt wird. Bei mechanischer und bei Gleichstrombremsung sowie bei der Bremsung durch Selbsterregung entsprechen die Bremsverluste ungefähr den einfachen, beim Gegenstrombremsen ungefähr den dreifachen Anlaßverlusten. Diese Werte beziehen sich auf das Bremsen von der synchronen Drehzahl auf Stillstand. Bei den Verschiebeankermotoren und den Motoren mit eingebauter Magnetbremse bilden Motor und Bremse ein unteilbares Ganzes. Diese Ausführungen sind für Anschluß an Schnellfrequenz nicht üblich und dürften hierbei auch keine Bedeutung bekommen, weshalb nicht weiter darauf eingegangen wird.

**36. Magnetbremslüfter.** Genau wie bei den Verschiebeankermotoren oder Motoren mit eingebauter Magnetbremse ist auch bei den Magnetbremslüftern der mechanische Teil bei stillstehendem Motor in Bremsstellung, wobei das Gewicht des Lüfterankers einen Teil des Bremsgewichtes ausmacht. Der Ankerkern steht mit dem Bremsgestänge in Verbindung. Beim Einschalten des Motors bekommt die Lüfterwicklung gleichzeitig Spannung und zieht damit den Anker an. Für die Erwärmung der Magnetwicklung ist die Einschaltdauer und die Schalthäufigkeit von großer Bedeutung. Während die Halteleistung der Magnetbremslüfter verhältnismäßig klein ist, muß beim Einschalten, d. h. beim Anziehen des Magneten, mit einer großen Scheinleistung gerechnet werden, die sich im gleichen Verhältnis wie der Hub ändert. Man verringert daher mit zunehmender Schalthäufigkeit den Hub, um die Erwärmung und gleichzeitig den Hubweg zu verkürzen. Trotzdem läßt sich selbst bei Verwendung einer Luftdämpfung ein Schlagen der Magneten auf die Dauer nicht ganz vermeiden. Diese Nachteile, hohe Leistungsaufnahme beim Einschalten und mechanische Beanspruchung durch das Schlagen haben zur Entwicklung des nachstehenden Sondergerätes geführt.

Abb. 65. Eldrogerät, Motor aufgebaut (*AEG*).

Abb .66. Eldrogerät, Motor eingebaut unter Öl (*AEG*).

**37. Eldrolüfter.** Der Eldrolüfter Abb. 65, der die mechanische Bremse betätigt, besteht aus einem Zylindergehäuse, in dem ein Kolben und ein mit ihm in Verbindung stehendes Joch durch Öldruck in die Höhe gedrückt wird. Der Öldruck wird durch eine von einem kleinen Käfigläufermotor angetriebene Flügelradpumpe erzeugt. In Abb. 66 ist eine andere Ausführungsform gezeigt, bei welcher der Motor unter Öl arbeitet. Das Arbeitsprinzip ist das gleiche. Nach dem Abschalten des Motors bremst das Öl das Flügelrad in etwa $^1/_{10}$ sec, während der Kolben durch die Belastung, z. B. eine Bremsfeder, wieder in seine Ausgangsstellung zurückgeführt wird, wobei das Öl in den oberen Zylinderraum zurückströmt. Die Öldämpfung schont alle mechanischen Teile und sorgt für ein stoßfreies Arbeiten. Im Vergleich zu Bremslüftmagneten ist der Einschaltstrom nur gering. Selbst bei starker Überbelastung ist die Stromaufnahme des Motors fast unverändert. Bei verringertem Hub ist neben dem Vorteil einer Verkürzung der Hub- und Senkzeiten eine Schalthäufigkeit von 600—1500 Schaltungen/Std für größere, von 2—3000 Schaltungen/Std bei kleineren Geräten ohne weiteres zulässig.

**38. Die Gegenstrombremsung** ist die bekannteste Form der elektrischen Bremsung. Hierbei wird die Drehrichtung des Ständerfeldes und damit auch des Motors umgekehrt, wobei darauf zu achten ist, daß der Motor in der neuen Drehrichtung nicht hochlaufen kann, da sonst Werkzeug und Werkstücke gefährdet sind. Je nach der Läuferausführung kann das auftretende Bremsmoment so große Werte annehmen, daß es für den Antrieb unzulässig ist. Um in solchen Fällen das Bremsmoment herabzusetzen, schaltet man am einfachsten während des Bremsvorganges in eine Phase einen Widerstand ein, durch den das auftretende Bremsmoment beschränkt wird. Ursprünglich wurden für die Gegenstrombremsung Walzenschalter benutzt, die außer der Null- und der Betriebsstellung noch eine Bremsstellung hatten. In der Null- und in der Betriebsstellung hatten die Schalter eine Rast, während der Schalter in der Bremsstellung festgehalten werden mußte, weil er sonst unter Federkraft in die Nullstellung zurückschnellte. Durch diese Ausführung wollte man erreichen, daß der Arbeiter den Bremsvorgang sicherer steuern kann.

Dabei wurde zur Verringerung des Bremsmomentes entweder der schon erwähnte
Widerstand eingeschaltet oder aber der Motor in Sternschaltung gebremst (Abb. 67
und 68). Die Unzuverlässigkeit der Bedienung hinsichtlich der richtigen Beendigung

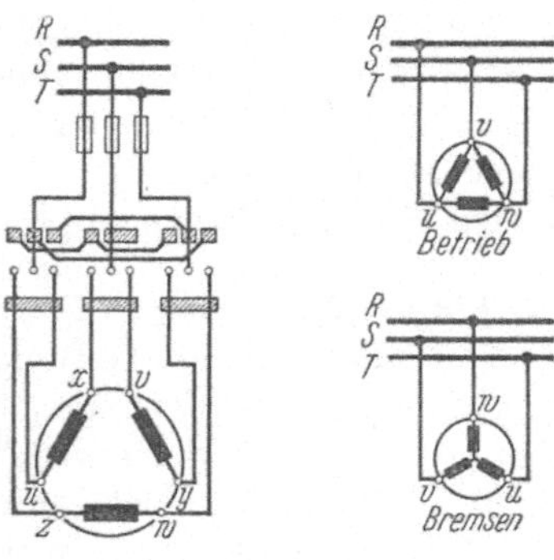

Abb. 67. Gegenstrombremsung. Motor wird
in Sternschaltung gebremst, um die Bremsung sanft zu halten und den Bremsstrom
zu beschränken.

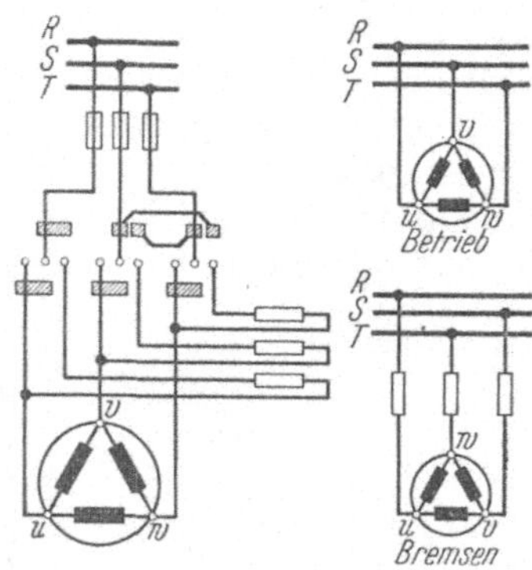

Abb. 68. Gegenstrombremsung mit Widerständen zur Beschränkung des Bremsmomentes

des Bremsens führte dazu, die Bremszeit unabhängig von der Achtsamkeit des Be-
dienungsmannes festzulegen. Dies setzt voraus, daß zum Schalten Fernschalter benutzt werden. Das Bremsschütz zieht dann
beim Abschalten an und bleibt solange
eingeschaltet, bis es durch ein besonderes
Schaltglied zum Abfallen gebracht wird. Als
gebräuchlichstes Schaltglied zur Bremsüberwachung gilt z. Zt. noch der Fliehkraftschalter, welcher bei Unterschreitung einer
bestimmten Drehzahl einen Kontakt betätigt,
der das Bremsschütz steuert. Der Nachteil

Abb. 69. Al-Ni-Bremswächter am Lager-
schild eines Motors (*AEG*).

Abb. 70. Al-Ni-Bremswächter, über ein Getriebe
mit der Motorwelle verbunden (*AEG*).

dieser Schalter beruht darauf, daß sie wegen ihrer verhältnismäßig hohen Empfindlichkeit nur für niedrige Betriebsdrehzahlen zu empfehlen sind.

**39. Bremswächter.** Eine sehr gute Lösung, welche gleichzeitig den Vorteil hat,
daß sie auch bei Rechts- und Linkslauf benutzt werden kann, keine Schleifringe
oder sonstige der Abnutzung unterworfenen Teile besitzt und trotz vollkommener
Zuverlässigkeit in keiner Weise von den vorhandenen Schwungmassen in der
Schaltgenauigkeit abhängt, ist der *Al-Ni-Bremswächter*. Bei diesem Gerät ist mit
der Motorwelle ein Anker verbunden, der aus einer Aluminium-Nickel-Legierung
hergestellt ist und die denkbar besten Eigenschaften eines Dauermagneten aufweist.

In einem Gehäuse ist ein als Kurzschlußkäfig ausgebildeter Ring gelagert, welcher den Anker umschließt und nach Erreichen einer Drehzahl von etwa 100 U/min von dem vom Anker ausgeübten Drehmoment gegen eine Feder verdreht wird und dabei die Schaltbewegung vollführt. Mit diesem Käfig ist nämlich eine Kontaktvorrichtung verbunden, die zum Auslösen der für die Bremsung erforderlichen Schaltvorgänge dient. Der Zeitpunkt des Öffnens und des Schließens der Kontakte kann in geringeren Grenzen durch Verstellen des Federdruckes im Al-Ni-Bremswächter geändert werden. In der Regel wird der Al-Ni-Bremswächter unmittelbar mit dem zu bremsenden Motor gekuppelt (Abb. 69), jedoch besteht durchaus die Möglichkeit, ihn irgendwie mit der Werzeugmaschine zusammenzubauen und mit einer vom Motor angetriebenen Welle zu kuppeln (Abb. 70), wenn der Anbau am Motor aus Platzersparnisgründen nicht erwünscht ist. Wie die Abb. 71 und 72 zeigen, ist in den Fällen, in welchen betriebsmäßig Rechts- und Linkslauf verlangt wird, nur der Al-Ni-Bremswächter als Zusatzgerät erforderlich, um eine sorgfältige Bremsüberwachung zu gewährleisten.

Vereinzelt führt man den Arbeitsmotoren bei der Gegenstrombremsung nicht den Netzstrom zu, sondern einen Strom, dessen Spannung so weit herabgesetzt ist, daß das vorhandene Moment für einen Hochlauf des Motors in der entgegengesetzten Drehrichtung nicht mehr genügt bzw. daß der Bremsvorgang so verzögert wird, daß der Bedienungsmann den Motor rechtzeitig vom Netz abschalten kann.

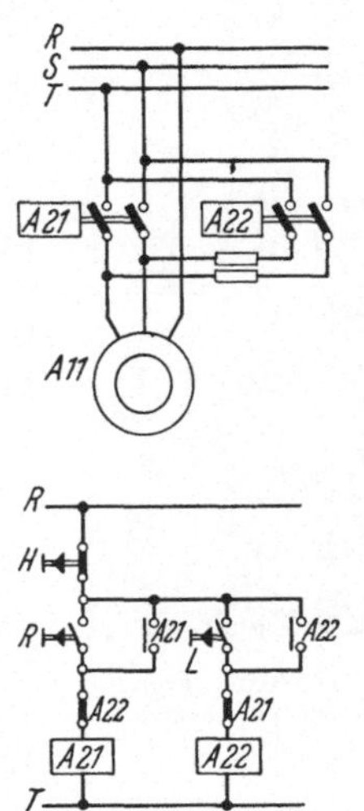

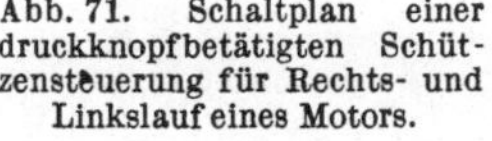

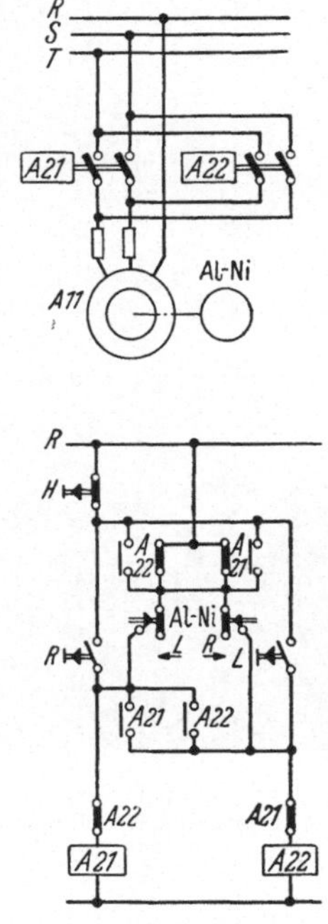

Abb. 71. Schaltplan einer druckknopfbetätigten Schützensteuerung für Rechts- und Linkslauf eines Motors.

Abb. 72. Durch Hinzufügen eines Al-Ni-Bremswächters zur Schaltung Abb. 71 wird eine einwandfreie Bremswirkung gewährleistet.

Im Zusammenhang mit der Gegenstrombremsung sei auf eine meist unbeachtete, aber sehr unangenehme Bremswirkung hingewiesen, die dann auftritt, wenn polumschaltbare Motoren von der höheren auf die niedrigere Drehzahl zurückgeschaltet werden. Diese Erscheinung ist darauf zurückzuführen, daß der Motorläufer nach dem Umschalten zunächst übersynchron läuft und der Motor daher als Generator arbeitet.

**40. Gleichstrombremsung.** Während bei der Gegenstrombremsung Vorsichtsmaßnahmen erforderlich sind, die ein Hochlaufen in der entgegengesetzten Drehrichtung verhindern, hört bei der Gleichstrombremsung die Bremswirkung bei Stillstand des Motors auf und ein Hochlauf ist überhaupt nicht möglich. Abgesehen von verschwindenden Ausnahmen wird die Gleichstrombremsung fast immer so ausgeführt, daß nach dem Abschalten des Arbeitsmotors vom Drehstromnetz einer oder zwei Phasen des Ständers Gleichstrom zugeführt wird. Hierdurch entsteht im Motorständer ein im Raum stillstehendes magnetisches Feld, in welchem sich der Läufer dreht. In der Läuferwicklung werden dadurch Ströme induziert, die eine kräftige und dabei stoßfreie sanfte Bremsung zur Folge haben. Je nach dem verlangten Bremsmoment wird die an die Motorklemmen zu legende Spannung bemessen, da diese in Verbindung mit dem Widerstand der von dem Gleichstrom durchflossenen Ständerwicklung die Größe des Bremsstromes bestimmt.

Der erforderliche Gleichstrom wird in den meisten Fällen mittels Trockengleichrichter erzeugt, da diese keinerlei Wartung benötigen. Da die verlangte Gleichstromspannung im Vergleich zu der Drehstromnetzspannung sehr niedrig ist, wird noch ein Umspanner benötigt, welcher Anzapfungen erhält, um eine Einstellung der Gleichspannung und damit des Bremsstromes bzw. des Bremsmomentes ohne besondere Widerstände zu ermöglichen. Abb. 73 und 74 zeigen Steuerungen mit Trockengleichrichter, der sowohl für die Gleichstromerregung der Schütze, als auch für die Gleichstrombremsung verwendet werden kann. In Abb. 73 ist die Steuerung in den Maschinenständer eingebaut, in Abb. 74 in einem getrennt aufgestellten Schaltschrank untergebracht. Wenn es erforderlich ist, daß auch beim Ausbleiben der Drehstromspannung zur Vermeidung einer Beschädigung der Werkzeugmaschine oder ihrer Teile eine Bremsung sichergestellt werden muß, so wird an Stelle des Trockengleichrichters ein Drehstrom-Gleichstrom-Umformersatz aufgestellt, der den benötigten Gleichstrom liefert. Dieser Umformer erhält eine zusätzliche Schwungmasse, die so bemessen ist, daß ihr Arbeitsinhalt ausreicht, um auch beim Ausbleiben der Drehstromspannung die Bremsstromlieferung so lange aufrecht zu erhalten, daß ein Bremsen der Arbeitsmotoren sichergestellt ist. Den Umformer baut man aus Gründen der Platzersparnis, wie Abb. 75 zeigt, als Eingehäuseumformer. Wenn für die Notbeleuchtung der Werkstätten eine Gleichstrombatterie aufgestellt ist, kann der Bremsstrom durch entspre-

Abb. 73. Einständer-Karuselldrehbank (Bauart *Froriep*) mit eingebautem Schaltschrank (offen) und abgenommenen Abdeckhauben (*AEG*).

Abb. 74. AEG-Schaltschrank für eine 4-Spindel-Fräsmaschine, Bauart *Gildemeister*.

chende Anzapfung dieser Batterie entnommen werden. Soll der Bremsgleichstrom einem vorhandenen Gleichstromnetz entnommen werden, so muß durch Vorschalten von Widerständen die Netzspannung auf die gewünschte Bremsspannung herabgesetzt werden.

Bei der Gleichstrombremsung zieht nach dem Abfallen des Hauptschalters, welcher die Verbindung Drehstromnetz–Motor hergestellt hatte, das Bremsschütz an. Für diesen Schaltvorgang ist natürlich eine gewisse Zeitspanne nötig. Ist nun aus irgendwelchen Gründen dieser Zeitverlust unerwünscht, so wird der Arbeitsmotor auch während des Betriebes an das Gleichstromnetz gelegt. Als Stromquelle dient dabei ein Gleichstromgenerator.

Bei dieser Lösung hat man zwar den Vorteil, daß bei Wegbleiben der Drehstromspannung der Bremsvorgang sofort einsetzt, doch ist dafür der Nachteil in Kauf zu nehmen, daß während des Betriebes zusätzliche Leistungsverluste in Höhe der Bremsleistung auftreten, und daß außerdem der in der Wicklung fließende Gleichstrom auch entsprechende Wärmeverluste zur Folge hat. Infolgedessen darf dann die Belastung des Motors nur einen kleineren Wert erreichen, weil sonst Arbeitsstrom und Bremsstrom zusammen eine Überschreitung der Grenztemperatur ergeben.

Beim augenblicklichen Stand der Technik kann die Gleichstrombremsung als die für Schnellfrequenzmotoren geeignetesteBremsart bezeichnet werden. Sie ist überall da zu empfehlen, wo sich wegen des häufigen Bremsens oder der vielen zu bremsenden Arbeitsmotoren die Beschaffung eines Gleichrichters bzw. eines

Abb. 75. Schaltschrank eines Bohrwerkes. Der Einachsbremsumformer links oben liefert durch sein Schwungmoment auch beim Ausfall der Netzspannung ausreichend Bremsgleichstrom (*AEG*).

Gleichstromgenerators lohnt. In den Fällen, in denen nur einzelne Arbeitsmotoren selten gebremst werden sollen, wird die Gegenstrombremsung die beste Lösung bedeuten. Dabei gehören zur Gegenstrombremsung entweder Bremswächter oder Mittel zur Herabsetzung des Bremsmomentes. Wenn der Anbau einer mechanischen Bremse durchführbar ist, ist das Eldro-Gerät (Abschn. 37) zu empfehlen.

# V. Beispiele ausgeführter Anlagen [1].

Drehzahlen über 3000 U/min wurden in größerem Maße zunächst bei der Bearbeitung von Holz verlangt, deshalb sind auch in der Holzindustrie die umfangreichsten Schnellfrequenzanlagen installiert worden und eine große Zahl von Holzbearbeitungsmaschinen werden serienmäßig mit Schnellfrequenzantrieb ausgerüstet. Zum Aufbau von Werkzeugmaschinen aus „Baueinheiten" durch den Benutzer selbst ist ein Sondermotor entwickelt worden, der gleich die ganze Spin

---

[1] Bei dem beschränkten Umfang dieses Buches war es unmöglich, eine erschöpfende Darstellung der bestehenden Ausführungen zu geben. Es konnten nur Beispiele herausgegriffen werden. Damit soll auf keinen Fall ein Werturteil über diejenigen Erzeugnisse ausgesprochen sein, die hier nicht erwähnt worden sind.

dellagerung mit umfaßt. Sondermotore werden zuerst behandelt und es folgen dann typische Beispiele von schnellfrequenzangetriebenen Holzbearbeitungsmaschinen. Eine besondere Holzbearbeitungsmaschine, die Oberfräse, die ihre ursprüngliche Entstehung dem Schnellfrequenzantrieb verdankt, wird nicht nur in der Holzbearbeitungsindustrie eingesetzt, sondern findet sich auch in Kunstharz und Leichtmetall verarbeitenden Betrieben. Ein weiteres Gebiet ist die Anwendung der Schnellfrequenz zum Antrieb von Fräsern und Schleifspindeln, deren hohe Drehzahlen besonders bei kleinen Werkzeugdurchmessern durch diesen Antrieb rattermarkenfrei und einfach erzielt werden können. Schließlich werden noch Beispiele aus dem wichtigen Gebiet der Elektrowerkzeuge gebracht, bei denen sich der Schnellfrequenzantrieb für größere Anlagen so eindeutig durchgesetzt hat, daß ein modernes Automobil-Montageband ohne Schnellfrequenzwerkzeuge nicht mehr denkbar ist. Die nachstehend aufgeführten Beispiele können, besonders bei Holzbearbeitungsmaschinen, nur eine Auswahl kennzeichnender Maschinen sein, sie sind aber so vielseitig, daß sie als Anhalt oder Anregung für eigene neue Planungen in allen Bearbeitungsfragen, wo es auf hohe Schnittgeschwindigkeiten und damit Drehzahlen über 3000 U/min ankommt, dienen können.

## A. Sondermotore für hohe Drehzahlen.

Der in den Abbildungen 76 und 77 gezeigte Sondermotor für 100—300 Hz leistet 0,73 bis 3 kW, je nach der zur Speisung benutzten Frequenz und je nachdem, ob es sich um die Normalgröße oder die Übergröße handelt. Dieser Sondermotor besteht aus dem eigentlichen oberflächengekühlten Schnellfrequenzmotor in einem Graugußgehäuse, das an einen Lagerbock angeflanscht ist. Die Motorwelle mit dem Kurzschlußläufer ist für sich allein in Kugellagern gelagert und überträgt ihre Umdrehungen durch eine Stiftkupplung unmittelbar auf die im Lagerbock auf zwei Kugellagern gelagerte Frässpindel. Das Spindelende hat Einsteckkegel und Überwurfmutter zur Aufnahme der Werkzeuge. In der Tabelle 5 sind die mit den beiden Ausführungen dieses Sondermotors bei den verschiedenen Schnellfrequenzen erzielbaren Leistungen dargestellt. Die Übergröße unterscheidet sich von der Normal-

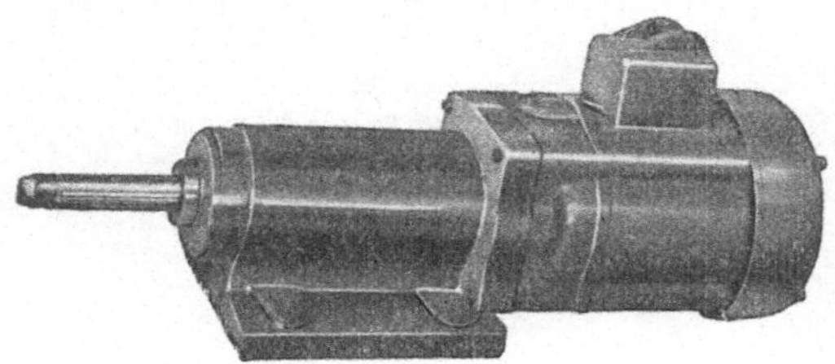

Abb. 76. Sondermotor 100 bis 300 Hz; 0,73—3,0 kW; Gewicht 29 kg; Maße s. Abb. 77 (*Walter Perske*, Moosburg/Obb.)

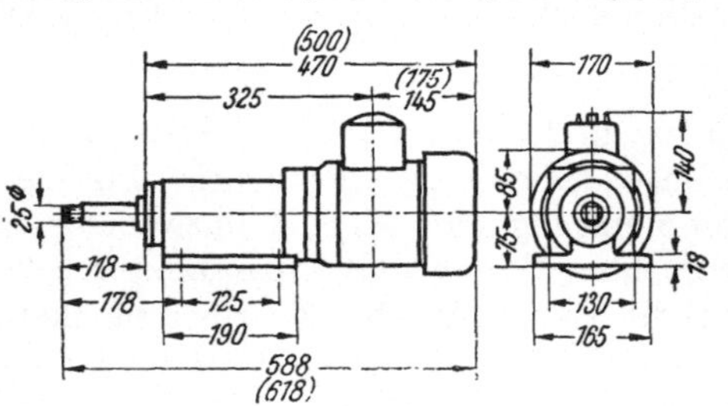

Abb. 77. Sondermotor nach Abb. 76, Abmessungen. Die eingeklammerten Werte gelten für die Übergröße gemäß Tabelle 5.

ausführung nur durch einen um 30 mm längeren Motor, so wie es in Abb. 77 dargestellt ist.

Solche Schnellfrequenzmotoren mit sorgfältiger Lagerung der Arbeitsspindel und geschlossener Bauform sind geeignet, in Sondermaschinen, besonders solchen nach dem Baukastenprinzip, für die kein eigener Motor entwickelt werden kann, eingebaut zu werden.

Für Sonderaufgaben wurde auch der in Abb. 78 gezeigte Motor entwickelt, der an einen Kaskaden-Induktionsumformer angeschlossen wird. Die Kaskade ist mit Rücksicht auf zusätzliche Betriebsbedingungen verstellbar ausgeführt. Der eine

Induktionsumformer ist 10-polig für 100- bis 300-periodigen, der andere 24-polig für 300- bis 1000-periodigen Strom. Zur Kompensierung der mit der Frequenz veränder-

Tabelle 5. *Sondermotor-Leistungen. Die umrandeten Typen sind Übergrößen.*

| Schnellfrequenz Hz | Drehzahl U/min | Leistung | | | | | |
|---|---|---|---|---|---|---|---|
| | | kW 0,73 | 1,1 | 1,5 | 1,84 | 2,2 | 3,0 |
| | | PS 1 | 1.5 | 2 | 2,5 | 3 | 4 |
| 100 | 5 750 | 613—2 | 613—2 | 713—2 | 913—2 | ‖1213—2‖ | — |
| 150 | 8 830 | 513—2 | 613—2 | 613—2 | 713—2 | 913—2 | ‖1213—2‖ |
| 200 | 11 820 | 513—2 | 513—2 | 613—2 | 713—2 | 913—2 | ‖1213—2‖ |
| 300 | 17 730 | 413—2 | 413—2 | 513—2 | 613—2 | 713—2 | 913—2 |

lichen Erreger-Scheinleistung ist ein 2-stufiger Kondensator, zur Spannungseinstellung ein Stufen-Spartransformator vorgesehen. Der Motor selbst besitzt Mehr-

Abb. 78. Motor für 8700—60 000 U/min;
145—1000 Hz; 1—5 kW (*AEG*).

Abb. 79. Maschinensatz einer Frequenzumformergruppe. Vorn links 1000 Hz-Generator, vorn rechts Leonardmotor (*AEG*).

flächengleitlager, so daß eine rein hydrodynamische Schmierung eintritt. Die Lager- und Öltemperatur wird während des Betriebes durch Thermoelemente überwacht. Der Motor kann ohne Gefährdung beim Einschalten sofort mit 500-periodigem Strom betrieben werden; bei 1000 Hz leistet er 5 kW.

Abb. 79 zeigt die Umformergruppe für die Erzeugung der Frequenzen 300 bis 1000 Hz. Links hinten ist der Leonard-Generator, in der Mitte der normale Antriebsmotor 50 Hz und hinten rechts die Erregermaschine zu sehen. Der Leonard-Generator treibt den rechts vorn sichtbaren Leonardmotor, der dann erst den eigentlichen Schnellfrequenzgenerator antreibt. Dabei wird dieser schon mit 300 Hz gespeist, die in der anderen Umformergruppe erzeugt werden, die zu diesem Motor gehört, um stufenlos Motordrehzahlen bis zu 60 000 U/min erreichen zu können.

Abb. 80. Dicktenhobelmaschine. Eine der ersten Ausführungen einer Holzbearbeitungsmaschine mit direkt gekuppeltem Schnellfrequenz-Käfigläufermotor (*Siemens*).

## B. Beispiele aus der Holzindustrie. [1]

**41. Fräs- und Hobelmaschinen.** In der Holzbearbeitungsindustrie werden hauptsächlich Fräs- und Hobelmaschinen mit Schnellfrequenz betrieben. Es liegen umfangreiche Betriebserfahrungen aus vielen Jahren vor. Zunächst hat man normale Käfigläufermotoren, die für 220/380 V gewickelt waren, an die Schnellfrequen-

Abb. 81. Unterfräse mit Motor für 300 Hz, Lastdrehzahl 16 000 U/min; 2,2 kW (*Adolf Aldinger*, Stuttgart-Obertürkheim).

Abb. 82. Vierseitige Kehlmaschine. 6 Messerwellen je 2,2 kW bei 100 Hz, 5300 U/min. (*Gebr. Schmaltz*, Offenbach/Main).

zen 75 und 100 Hz angeschlossen. Ein Beispiel dafür zeigt Abb. 80. Diese Dicktenhobelmaschine, die vor etwa 16 Jahren gebaut worden ist, hat als Antrieb einen Flanschmotor in völlig geschlossener Ausführung mit Rippenkühlung. Der Motor

Abb. 83. Obere Messerwelle einer Parketthobelmaschine. 100 Hz; 5600 U/min: 4 kW. Motor außergewöhnlich kräftig (*Müller A.G.*, Maschinenfabrik, Brugg/Schweiz).

sitzt direkt an der verlängerten Messerwelle, er wurde betrieben entweder mit einer Schnellfrequenz 75 Hz bei 285 V und lief dann mit 4000 U/min oder mit einer Schnellfrequenz 100 Hz bei 380 V und hatte dann eine Lastdrehzahl von 5300 U/min.

Eine Unterfräse, die mit Schnellfrequenz von 300 Hz, entsprechend einer Lastdrehzahl von 16 000 U/min, angetrieben wird, ist in Abb. 81 dargestellt. Abb. 82 zeigt die Vorderansicht einer vierseitigen Kehlmaschine. Bei derartigen Kehlmaschinen arbeiten 1 bis 2 Messerwellen von oben, 1 bis 2 Messerwellen von unten und je 1 senkrechte Messerwelle rechts und links des

zu bearbeitenden Stückes. Alle 6 an dieser Maschine vorhandenen Messerwellen sind durch Schnellfrequenz 100 Hz angetrieben, sie laufen also alle mit einer Lastdrehzahl von 5300 U/min und haben je 2,2 kW Leistung. Die einzelnen Arbeitswellen werden auf die verschiedenen Leistenbreiten und -stärken mittels der Doppelhandräder über eine Exzenterverstellung eingestellt und danach durch Feststellknebel zusätzlich festgeklemmt. In der Abb. 82 sind die Druckknopfsteuerungen für die 6 Messerwellen und die Vorwärts-Rückwärts-Steuerung für den Vorschubmotor von 1,2 kW gut zu erkennen.

---

[1] Vgl. Werkstattbuch Heft 78 „Maschinen und Werkzeuge für die spangebende Holzbearbeitung".

Abb. 83 zeigt die letzte obere Messerwelle einer Schweizer Parketthobelmaschine, die zum genauen Dickenhobeln der Parkettstäbe dient. Das kräftige Motorgehäuse mit der soliden Führung ist auf diesem Bild ebenso gut zu erkennen wie die beiden Druckrollen, die zusammen mit dem Messerkopf eingestellt werden können. Der Messerwellenmotor hat eine Leistung von 4 kW bei 5600 U/min. Eine solche kräftige Lagerung, verbunden mit einer weitgehenden Beweglichkeit der Messerwelle, ist nur bei einem direkt gekuppelten Motor zu erreichen.

In Abb. 84 ist die Rückseite einer Putzhobel- und Kehlmaschine wiedergegeben.

Abb. 84. Putzhobel- und Kehlmaschine. 100 Hz; 5 Messerwellen je 2,2 kW; 5300 U/min (*Böttcher & Geßner*, Hamburg-Bahrenfeld; elektrische Einrichtung von *Siemens*).

Die staubdichten, außenbelüfteten Schnellfrequenz-Antriebsmotoren für die beiden unteren Messerwellen und die obere Messerwelle sind gut zu erkennen. Links unten neben dem geöffneten Schaltschrank befindet sich der Vorschubmotor, rechts neben dem Schaltschrank die Spanabzugshaube der rechten vertikalen Messerwelle. Die 5 Messerwellenmotoren von je 2,2 kW werden von der Vorderseite der Maschine aus mittels Druckknöpfen geschaltet. Der Vorschubmotor wird mit der gewöhnlichen Netzfrequenz von 50 Hz betrieben.

Abb. 85. Putzhobelmaschine. 100 Hz; 5 Messerwellen; 5300 U/min; selbsttätige Stern-Dreieckschaltung, weitgehende Verriegelung zwischen Vorschub, Messerwellen und Spänezerkleinerer (*Anthon & Söhne*, Flensburg).

Abb. 85 ist die Draufsicht auf eine Putzhobelmaschine. Diese Maschine hat eine obere, zwei untere und zwei stehende seitliche Messerwellen, die alle mit der Schnellfrequenz 100 Hz angetrieben werden. Durch weitgehenden Gebrauch elektrischer Schaltmöglichkeiten ist eine kaum noch zu überbietende Sicherheit gegen Überlastung, gegen Werkzeugbruch und für die Bedienung erreicht worden. Die Messerwellen werden durch einen selbsttätigen Y△-Schalter eingeschaltet. Erst wenn die Messerwellen laufen und der Spänezerreisser, der ebenfalls einen besonderen Motor hat, in Gang gesetzt worden ist, kann der Vorschub eingeschaltet werden. Auch der Vorschub wird über eine Druckknopfsteuerung selbsttätig in Y△-Schaltung an das

Netz gelegt. Beim Ausschalten des Vorschubes tritt selbsttätig eine Gegenstrombremsung ein, so daß die Maschine sehr schnell steht. Dies ist besonders wichtig, weil die Maschine auch ausgeschaltet wird, wenn einer der Messerwellenmotoren wegen Überlastung über seinen Motorschutzschalter abgeschaltet wird. Wenn man bei einer Arbeit eine der Messerwellen nicht braucht, so kann man über einen Entriegelungsschalter diese eine Messerwelle aus dem Verriegelungssystem der ganzen Maschine herausnehmen und trotzdem die Abhängigkeitsschaltungen zwischen Messerwellen, Spänezerkleinerer und Vorschub aufrecht erhalten.

Diese Maschine ist ein anschauliches Beispiel für das Maschinennetz (Absch. 26).

**42. Oberfräsen.** Die Oberfräse wurde konstruiert, als es galt, eine robuste Fräsmaschine für die Holzbearbeitung zu entwerfen, die mit einem möglichst einfachen

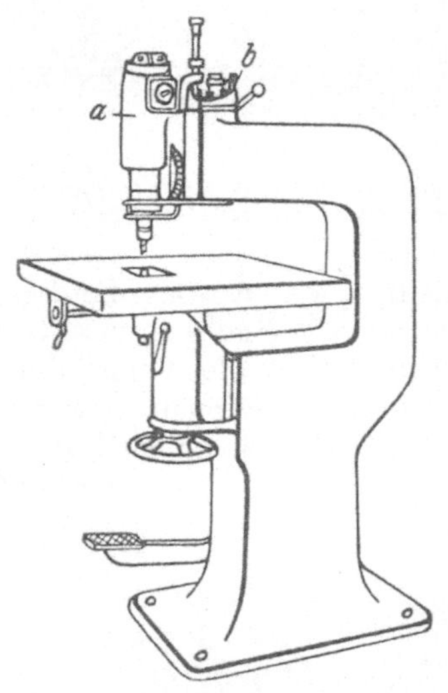

Abb. 86. Schematische Darstellung einer Oberfräse. 300 Hz; Lastdrehzahl 16 000 U/min; 1—2 kW. *a* Motor; *b* Revolverkopf. Der Fußhebel dient zum Anheben des Fräskopfes beim Schalten des Revolverkopfes und beim Werkstückwechsel.

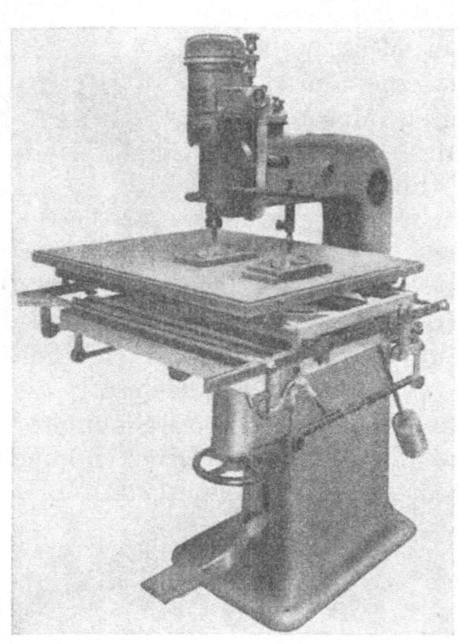

Abb. 87. Oberfräse mit Plastiktisch, für Kopierarbeiten. 2,2 kW; 300 Hz: 16 000 U/min oder auch 200 Hz, 10 600 U/min (*Aldinger*).

Werkzeug eine hohe Oberflächengüte erzielen sollte. Man fand das Werkzeug in dem einschneidigen exzentrisch in ein Futter gesetzten HESS-Oberfräser und den Motor dazu in dem unempfindlichen Schnellfrequenz-Asynchronmotor. Diese Oberfräse zeigen die Abb. 86 und 87. In Abb. 87 ist auf die Oberfräse ein sogenannter Plastiktisch zum Bildschnitzen durch Abtasten eines positiven Modells aufgebaut, der Schweizer Herkunft ist. Bei den Oberfräsen ist der Motor mit der Frässpindel durch eine elastische Kupplung verbunden und sitzt auf einem durch Fußhebel beweglichen Schlitten (Fräskopf).

Das Werkzeug der Oberfräse ist in der Mehrzahl der Fälle der einschneidige gleichschnittige HESS-Oberfräser, der exzentrisch in ein Futter eingesetzt wird (Abb. 88). Er hat einen kleineren Durchmesser als der Flugkreis seiner Schneide oder, anders gesagt, der Fräserdurchmesser $d$ ist kleiner als der zu fräsende Lochdurchmesser $D$. Der einschneidige Oberfräser muß dabei in einem besonderen Einstellwinkel (Abb. 89) in das Spannfutter eingesetzt werden. Nur bei einem Einstellwinkel zwischen 30° und 50° arbeitet der Fräser richtig. Wenn er zu knapp, also unter 30°, eingestellt wird, brennt er an seiner Schneide und hat einen zu großen Flugkreis ($D$). Wenn er zu weit, also über 50°, eingestellt wird, brennt er an seiner rückwärtigen wulstartigen Verdickung und hat einen zu kleinen Flugkreis ($D$). Mit dem Einstellwinkel läßt sich der zu erzielende Fräsdurchmesser oder Flugkreis in einem gewissen Maße verstellen, wie die Tabelle 6 zeigt, bei der mit demselben Fräser von 20 mm Durchmesser in einem bestimmten Spannfutter Fräsdurchmesser zwischen 27,5 und 29 mm, je nach dem Einstellwinkel, erzielt werden können. Der Keilwinkel des Fräsers selbst richtet sich im übrigen nach dem zu bearbeitenden Werkstück und beträgt für

Weichholz 20°; Hartholz 30°; Preßholz 40°; Schichtholz, Leichtmetalle, Kunststoffe 50°.

Es ist verständlich, daß ein mit 16 000 U/min umlaufender, exzentrisch eingesetzter Fräser sorgfältig ausgewuchtet werden muß. Dazu dient eine sehr einfache Auswuchtrolle (Abb. 90), in die das Futter mit dem richtig eingesetzten Fräser eingesteckt wird und wo dann durch Auswuchtschrauben die statische Auswuchtung vorgenommen wird.

In Tabelle 7 ist auf Grund der Angaben des Herstellers der Oberfräse dargestellt, welche größten Werkzeugdurchmesser für die Bearbeitung der verschiedenen Materialien bei Verwendung von Werkzeugstahl (WS), Schnellstahl (SS), Hochleistungsschnellstahl (HSS) und Hartmetallwerkzeugen (HM) bei einem Antrieb durch Schnellfrequenz von 300 Hz bzw. 200 Hz benutzt werden dürfen und welchen Schnittgeschwindigkeiten diese Werkzeugdurchmesser dann entsprechen.

Wie sehr sich die Bearbeitung bestimmter Werkstücke durch den Einsatz von Oberfräsen vereinfachen kann, zeigt Abb. 91, bei der die Bearbeitungsgänge mit üblichen Holzbearbeitungsmaschinen, die nur jeweils einen Arbeitsgang durchführen können, den Arbeiten auf der Oberfräse gegenübergestellt sind.

Tabelle 6. *Änderung des Fräsdurchmessers bei verschiedenen Einstellwinkeln.*

| Fräsdurchmesser<br>D mm | Fräserdurchmesser<br>d mm | Einstellwinkel<br>Grad |
|---|---|---|
| 27,5 | 20 | 50 |
| 28 | 20 | 43 |
| 28,5 | 20 | 36 |
| 29 | 20 | 30 |

Abb. 88. HESS-Oberfräser, das klassische Werkzeug für die Oberfräse (*Aldinger*). *a* Futtertype; *d* Fräserdurchmesser; *D* Fräs-(Loch-)Durchmesser.

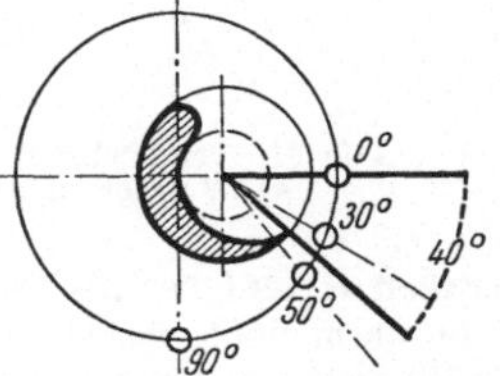

Abb. 89. Einstellwinkel am HESS-Oberfräser. Nur zwischen 30° und 50° arbeitet der Oberfräser richtig. Bei kleinerem und größerem Einstellwinkel brennt er am Werkstück (*Aldinger*).

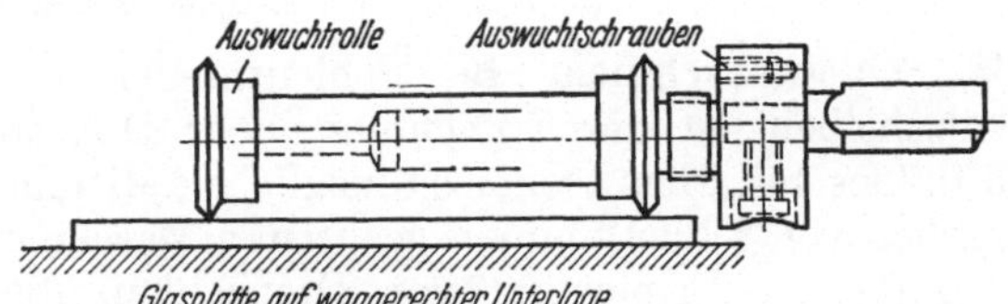


Abb. 90. Auswuchtrolle für HESS-Oberfräser (*Aldinger*).

Tabelle 7. *Größte Werkzeugdurchmesser bei Bearbeitung verschiedener Werkstoffe.*

WS = Werkzeugstahl, SS = Schnellstahl, HSS = Hochleistungsschnellstahl HM = Hartmetall

| | Größter Werkzeugdurchmesser in mm | | | | | |
|---|---|---|---|---|---|---|
| 300 Hz | 10 | 20 | 30 | 50 | 70 | 80 |
| 200 HZ | 12 | 30 | 45 | 75 | 100 | 120 |
| Weichholz . . . . . . . | — | — | WS | SS | — | HSS |
| Hartholz . . . . . . . | — | WS | SS | — | HSS | HM |
| Preßholz . . . . . . . | — | SS | HSS | — | HM | — |
| Schichtholz mit Fuge . . | — | HSS | — | HM | — | — |
| Leichtmetall, Kunststoff . | HSS | HM | — | — | — | — |
| Schnittgeschwindigkeit m/s | 10 | 19 | 28 | 48 | 65 | 75 |

Das sicher freischneidende und daher nicht heiß werdende einfache Werkzeug und die erzielbare hohe Schnittgeschwindigkeit haben der Oberfräse auch Eingang in andere Industrien als die Holzbearbeitungsindustrie verschafft, und zwar vornehmlich in die Kunststoff- und Leichtmetallindustrie. Dabei sind im Laufe der Zeit für die Oberfräse auf der Grundlage des einschnei-

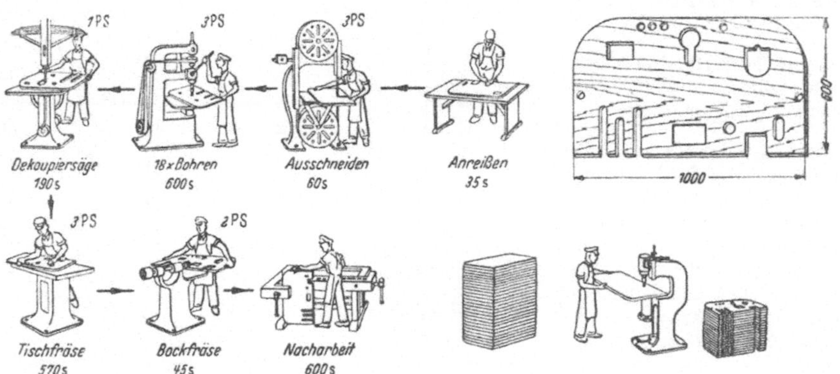


Abb. 91. Vergleich der Herstellungsgänge eines Arbeitsstückes aus 12 mm Sperrholz.
Alle 7 Arbeitsgänge faßt die Oberfräse zu einem Arbeitsgang zusammen.

digen geraden HESS-Oberfräsers viele einschneidige Profil- und Spezial-Oberfräser entwickelt worden, die dann noch weiter durch Nutmesser, Sägeblätter, Tiefbohrer, Senker und Messerköpfe für Blanketts ergänzt worden sind.

Wesentlich zur großen Verbreitung der Oberfräsen hat der robuste, einfache Antrieb durch einen schnellfrequenzgespeisten Kurzschlußläufermotor beigetragen, der es ermöglicht hat, eine zweckmäßige, geschlossen wirkende und deshalb schöne Werkzeugmaschine zu schaffen.

## C. Beispiele aus der Metallindustrie.

**43. Schleifmaschinen.** Bei Schleifmaschinen, besonders solchen mit kleinen Schleifscheiben, ist die Erreichung hoher Drehzahlen zur Erzielung eines guten Schliffbildes mit allen technisch möglichen Mitteln immer wieder versucht worden. Abgesehen von schnellfrequenzgespeisten Maschinen ist ausschließlich der Riemenantrieb für die Erreichung von Drehzahlen über 3000 U/min benutzt worden. Abb. 92 zeigt einen Schleifbock, wie er unter Verwendung kleiner Schleifscheiben bzw. kleiner Filzpfropfen zur Feinstbearbeitung von Pleuelstangen für Höchstleistungs-Verbrennungsmotoren eingesetzt wird. Dieser Schleifbock hat einen polumschaltbaren Motor, dessen zwei Drehzahlen über den oberen Knebelschalter gewählt werden können, und er kann außerdem entweder an ein 200 Hz-Netz oder an ein 300 Hz-Netz gelegt werden, so daß sich vier Lastdrehzahlen ergeben. Mit Vorteil angewendet wird der Schnellfrequenzantrieb auch für die Anschnittschleifmaschine, Abb. 93, mit der Schneidwerkzeuge angeschärft werden. Hier wird der schnellfrequenzangetriebene Motor nicht unmittelbar zum Antrieb der Hinterschleifspindel für Gewindeschneideisen benutzt, sondern es wird über einen Riementrieb eine Spindeldrehzahl von etwa 30000 U/min erreicht. Der Schnellfrequenzmotor ist in diesem Falle gewählt worden, um einen robusten Antriebsmotor zu haben, der in der Drehzahl bei Leerlauf und bei Belastung möglichst konstant bleibt.

Um die Nachteile des Riementriebes zu vermeiden, kann man Schleifspindeln auch unmittelbar durch Elektromotoren antreiben. In Abb. 94 ist eine Schleifspindel für Schleifscheibendurchmesser bis 28 mm dargestellt, angetrieben durch einen Schnellfrequenzmotor, der serienmäßig für Schnellfrequenzwerkzeuge (s. Abschn. 45) verwendet wird.

Abb. 95 zeigt eine ähnlich konstruierte, direkt angetriebene Schleifspindel, die für das Ausschleifen tieferer und größerer Löcher gedacht ist und die eine Schleif-

Abb. 92. Schleifbock. 4 Lastdrehzahlen 5300 — 8000 — 10 600 — 16 000 U/min durch polumschaltbaren Motor und Verwendung von 2 Schnellfrequenzen von 200 und 300 Hz; Motorleistung bei der höchsten Drehzahl 1,1 kW (*Wilhelm Simon*, Maschinenfabrik, Frankfurt/Main 1).

Abb. 93. Anschnittschleifmaschine. Schnellfrequenzmotor 0,25 kW; 250 Hz; 8000 U/min (*Julius Ortlieb & Co.*, Eßlingen Meitlingen).

Abb. 94. Schleifspindel mit Schnellfrequenzmotor 0,55 kW; 300 Hz; 16 000 U/min, max. Schleifscheiben-∅ 28 mm (*Georg Müller*, Kugellagerfabrik K.G., Nürnberg).

scheibe bis 80 mm Durchmesser antreiben kann. Der Schnellfrequenzmotor ist gleichfalls ein serienmäßiger Elektrowerkzeugmotor.

Das Lagerspiel der beiden vorstehend geschilderten Schleifspindeln ist durch eine besondere Hülsenverstellung (Abb. 96) auf tausendstel Millimeter genau einstellbar, so daß für diese Spindeln eine Laufgenauigkeit von ±0,001 mm gewährleistet werden kann.

Die höchste bisher mit einer serienmäßig hergestellten Schleifspindel erzielbare Lastdrehzahl beträgt 120 000 U/min. Bei einer solchen Drehzahl, die mit Schleifspindeln (Abb. 97) erzielt wird, ist das wichtigste Problem die Schmierung.

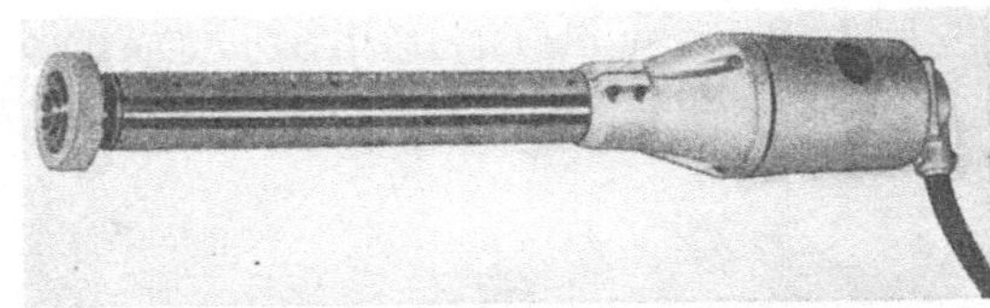

Abb. 95. Große Schleifspindel mit Schnellfrequenzmotor 0,65 kW; 200 Hz; 10 600 U/min. Schleifscheiben-∅ bis 80 mm (*Müller*, Nürnberg).

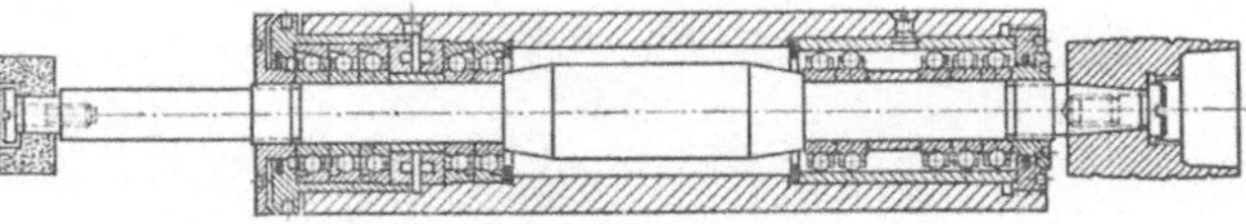

Abb. 96. Schnitt durch Schleifspindel. Einstellmöglichkeit für das Lagerspiel. Laufgenauigkeitsgarantie ±0,001 mm (*Müller*, Nürnberg).

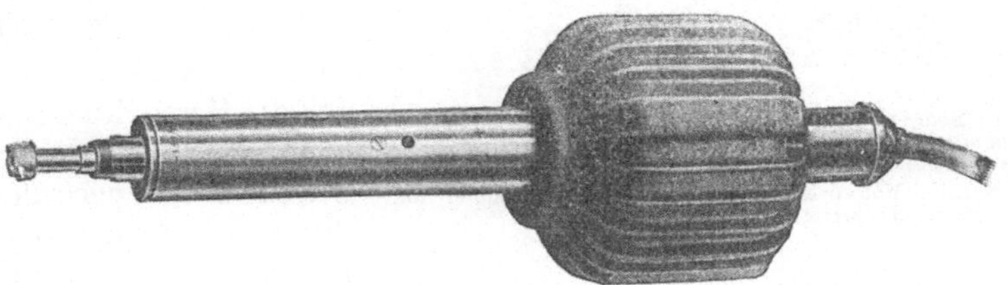

Abb. 97. Schleifspindel für 120 000 U/min mit unmittelbar auf die Schleifspindel gesetztem Schnellfrequenzmotor von 35 VA, etwas mehr als 2000 Hz. Schnellfrequenz wird mit Röhrenfrequenzwandler erzeugt. Für Schleifstifte 1,1 mm und Schleifscheiben bis 4 mm ∅ (*Miniaturkugellager A.G.*, Biel, Schweiz).

Es muß Öldunstschmierung verwendet werden. Dieser Öldunst wird in einem besonderen Ölnebelgerät, wie es z. B. von der Kugellagerfabrik SKF hergestellt wird, erzeugt und mit 1,5—2 atü in die Schleifspindel eingedrückt (Abb. 98). Der Öldunst muß vorne an der Spindel, an der Schutzhülse und aus dem Motorgehäuse bei der Kabeleinführung als deutlich sichtbarer Ölnebel wieder austreten. Diese Öldunstschmierung reicht jedoch noch nicht aus, sondern es muß zusätzlich mit Wasser gekühlt werden. Dieses Wasser muß in genau dosierter Menge

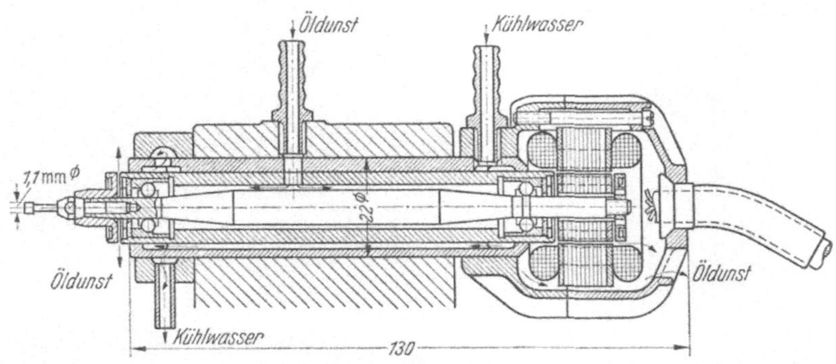


Abb. 98. Schnitt durch schnellste Schleifspindel der Welt. Öldunstschmierung der Kugellager, Wasserkühlung des Spindelgehäuses (*Miniaturkugellager* A.G., Biel/Schweiz).

(3,5 l/h) in den Anschlußstutzen eingeführt werden, von wo es um die beiden Lager spült und durch ein Röhrchen wieder abfließt. Die Wasserkühlung darf nicht zu stark sein, da sonst der Ölnebel kondensiert und sich eine zusätzliche Belastung des Antriebsmotors ergibt. Schleifspindel und Motor sind zusammen 130 mm lang. Der Durchmesser der Schleifspindel mit der Hülse für die Wasserkühlung beträgt 22 mm. Es werden für diese kleinen Spindeln zwei Schleifeinsätze geliefert. Der größere hat ein Schleifscheibchen von 4 mm Ø und der kleinere einen Schleifstift von 1,1 mm Ø.

**44. Bohr- und Fräsmaschinen.** Die Fräs-, Bohr- und Gewindeschneidmaschine zur Herstellung kleiner Teile, Abb. 99, arbeitet vollautomatisch. Das Material wird dabei entweder von der Drahtrolle, so wie im Bild dargestellt, oder als Formstab zugeführt. Außer der Sägeeinheit, die auf dem Bild dicht vor der Drahtrolle zu sehen ist, sind die anderen 6 Bohr-Fräseinheiten mit dem Motor unmittelbar gekuppelt. Diese Motoren werden mit den Frequenzen 100 Hz, 150 Hz oder 200 Hz angetrieben, so daß sie also Lastdrehzahlen von 5300, 8000 und 10 600 U/min haben.

Abb. 100 zeigt eine halbautomatische Nachformfräsmaschine für die Herstellung kleiner Formen. Sie hat 2 Frässpindeln mit gleichachsig angeordneten Motoren. Die Schnellfrequenz wird hier mit einem Umformer er-

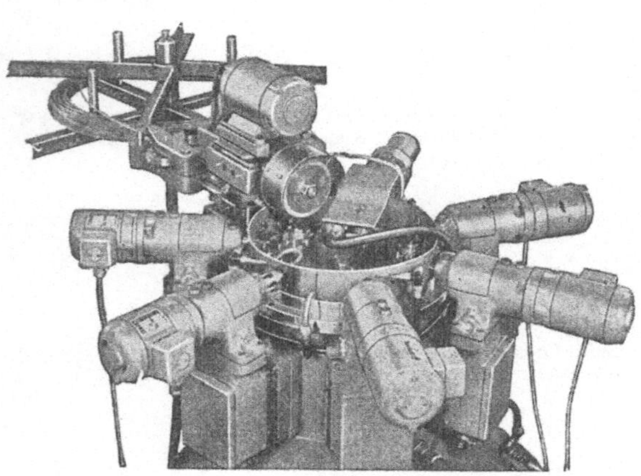

Abb. 99. Fräs-, Bohr- und Gewindeschneidmaschine zur Herstellung kleinster Teile mit Schnellfrequenz-Bearbeitungseinheiten für 5300 bis 10 600 U/min (*Haesler-Giauque & Cie.*, Fabrique De Machines „Axis“. Le Locle/Schweiz. — Motore und zugehöriger Frequenzwandler von *Elektromotorenbau A.G.*, Biersfelden/Schweiz).

zeugt, bei dem durch ein stufenlos veränderliches Getriebe die erzeugte Schnellfrequenz geändert werden kann. Die Motoren haben damit Drehzahlen zwischen 3000 und 16 000 U/min.

Die Maschine arbeitet mit einem elektrohydraulischen Tastkopf, der in der Mitte des Bildes zu sehen ist und nach einem Original die beiden Arbeitsspindeln steuert. Die Arbeitsspindeln können dabei einen Bereich von 800 × 400 mm bei 120 mm Höhenverstellung bestreichen. Eine zusätzliche, nicht automatische Höheneinstellung von 150 mm erweitert den Arbeitsbereich dieser Maschine. In einer ähnlichen Maschine für größere Fräser-∅ werden die Gesenke vorbearbeitet und dann auf der Maschine (Abb. 100) mit den kleinen schnellaufenden Fräsern fertig bearbeitet.

## D. Elektrowerkzeuge.

**45. Schnellfrequenz-Krafthandwerkzeuge** [1]. Krafthandwerkzeuge steigern die Leistungsfähigkeit ganz beträchtlich, da sie vom Arbeiter nur die Führung des Werkzeuges verlangen, während sie selbst die benötigte Arbeitsleistung liefern, die außerdem ein vielfaches der Leistung ist, die der Arbeiter selbst hergeben könnte. Ein Hauptgesichtspunkt für ihre Anwendbarkeit ist die zu erwartende Wirtschaftlichkeit. Diese muß besonders sorgfältig geprüft werden, wenn die Kraft zum Betrieb dieser Krafthandwerkzeuge durch einen besonderen Maschinensatz erst erzeugt werden muß. Dies ist beim Preßluft- und beim Schnellfrequenzantrieb erforderlich, während das gewöhnliche Allstrom- wie auch das gewöhnliche Drehstrom-Krafthandwerkzeug in den meisten Fällen an vorhandene Steckdosen angeschlossen werden können. Der Preßluftantrieb benötigt wegen der Verluste im Kompressor, in den Leitungen und im Werkzeug selbst eine im Verhältnis zur Leistung sehr große Kraftversorgungsanlage, er scheidet daher im Vergleich mit den

Abb. 100. Nachformfräsmaschine mit zwei Frässpindeln, angetrieben durch je einen Schnellfrequenzmotor von max. 0,5 kW; 300 Hz; 16 000 U/min (*Nassovia-Maschinenfabrik Hanns Fickert GmbH.*, Langen, Bez. Frankfurt/Main).

Schnellfrequenz-Krafthandwerkzeugen aus. Lediglich dort, wo es auf ein ganz geringes Gewicht des einzelnen Werkzeuges ankommt, wie z. B. bei der Fertigbearbeitung kleiner Preßformen und in den wenigen Bearbeitungsstellen, an denen explosionsgeschützte Werkzeuge benutzt werden müssen, ist der Preßluftantrieb überlegen. Das in Abb. 4, Seite 8 gezeigte Preßluftwerkzeug wiegt nur 550 g, erfüllt also die Bedingung der Leichtigkeit, hat aber die Nachteile aller Preßluftwerkzeuge, daß es wegen der Kraftversorgung unwirtschaftlich ist, und daß die Drehzahl bei Belastung stark abfällt.

**a)** *Unempfindlichkeit.* Außer der Wirtschaftlichkeit wird vom Krafthandwerkzeug verlangt, daß es unempfindlich, ausreichend kräftig und nicht zu schwer ist. Der gleichzeitigen Erfüllung dieser drei Forderungen wird das Schnellfrequenz-Krafthandwerkzeug weitgehend gerecht. Der robuste Käfigläufer (Abb. 101), der die Seele aller Schnellfrequenz-Krafthandwerkzeuge ist, ist wegen des Fehlens einer Wicklung besonders unempfindlich. Der elektrische Teil des Krafthandwerkzeuges, der nun nur noch aus der fest im ruhenden Ständer untergebrachten Ständerwicklung und dem leicht auswechselbaren Schalter besteht, erfordert damit fast keine Wartung, so daß bei der einfachen mechanischen Überwachung immer ein betriebsfertiges Werkzeug zur Verfügung steht.

---

[1] Vgl. Werkstattbuch Heft 79: GRAF, „Maschinelle Handwerkzeuge".

Beim Allstrom-Kraftwerkzeug, dessen Läufer die Abb. 102 im Vergleich zu dem darüber gezeichneten Schnellfrequenz-Käfigläufer zeigt, ist dieser Läufer viel verwickelter und störungsanfälliger. Wegen des starken Absinkens der Drehzahl mit der Belastung muß die Leerlaufdrehzahl sehr hoch liegen. Diese hohe Drehzahl macht ein besonders sorgfältiges Vergießen der Wicklungen des Läufers und ein genaues Auswuchten erforderlich. Trotzdem können Wicklungsbrüche nicht vermieden werden. Außer der empfindlichen Wicklung hat der Allstrommotor aber auch

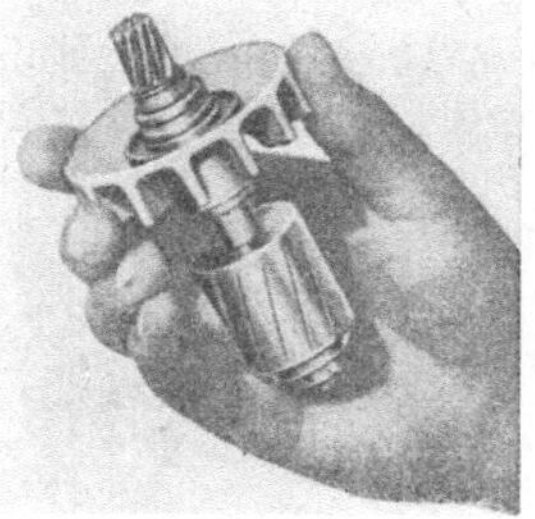

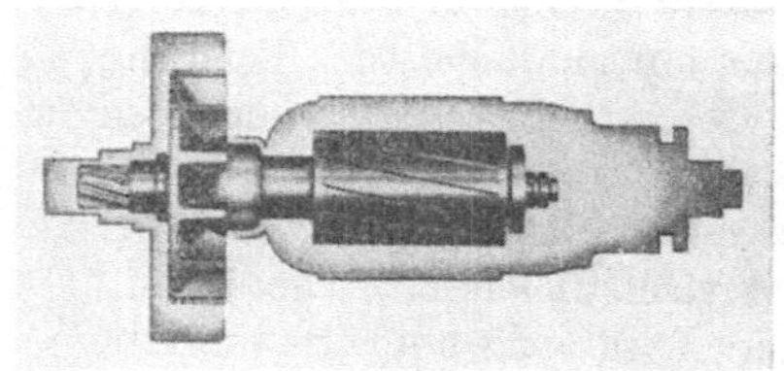

Abb. 101. Läufer eines Schnellfrequenz-Krafthandwerkzeuges
(*Robert Bosch GmbH.*, Stuttgart).

Abb. 102. Vergleich der Läufer eines Schnell-
frequenz- und eines Allstrom-Motors für ein Krafthandwerkzeug (*Bosch*).

noch einen Kollektor, über den dem Läufer der Strom zugeführt wird. Kollektoren, auf denen Schleifkohlen gleiten, sind immer ein empfindliches Maschinenteil, besonders aber bei ortsbeweglichen Maschinen.

Die wunde Stelle bei allen Krafthandwerkzeugen ist die Zuleitung, die bei Schnellfrequenz- und Allstrom-Werkzeugen in gleicher Art gefährdet ist, die aber auch beim Preßluft-Werkzeug empfindlich ist und zu Leistungsverlusten führt.

Rein mechanisch werden die Krafthandwerkzeuge so starr und unempfindlich gebaut, daß sie dem rauhen Werkstattbetrieb gewachsen sind.

**b)** *Leistung*. Das Krafthandwerkzeug muß vor allem auch bei starker Belastung noch genügend durchziehen, d. h. es muß über seine Nennleistung hinaus noch erhebliche Kraftreserven haben. Dabei ist es erwünscht, daß das Werkzeug möglichst über den ganzen Bereich mit annähernd gleicher Drehzahl arbeitet. Abb. 103 zeigt die ungefähre Drehzahlcharakteristik der drei wichtigsten Krafthandwerkzeugarten. Von einer gemeinsamen Leerlaufdrehzahl an bleibt nur beim Schnellfrequenz-Werkzeug die Drehzahl fast konstant, während sie beim Preßluft- und Allstrom-Handwerkzeug mit der Belastung stark absinkt. Dieses Absinken der

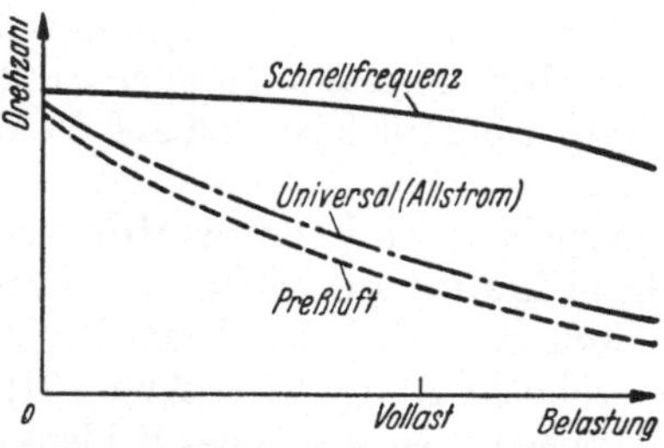


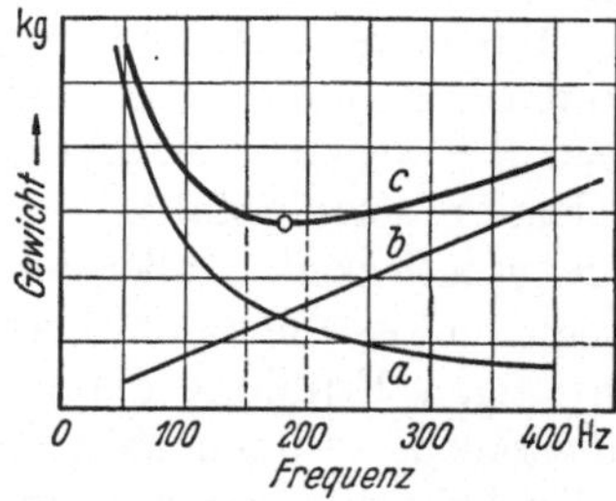


Abb. 103. Drehzahlcharakteristik von Krafthandwerkzeugen (*Bosch*).

Abb. 104. Abhängigkeit des Werkzeuggewichtes von der
Frequenz bei Schnellfrequenz. *a* Motorgewicht; *b* Getriebegewicht; *c* Gesamtgewicht (*Bosch*).

Drehzahl ist deutlich zu hören. Der hohe singende Ton solcher Werkzeuge im Leerlauf fällt beim Ansetzen an das Werkstück zu einem tiefen brummenden Ton ab. Das Schnellfrequenzwerkzeug hat dagegen nur einen Drehzahlabfall von 5—8%, der fast nicht mehr zu hören ist.

**c)** *Gewicht.* Bei der Festlegung der Frequenz für Schnellfrequenzwerkzeuge hat man sich die günstigste Frequenz nach dem Gesamtgewicht der Werkzeuge ausgesucht. In Abb. 104 ist dargestellt, daß das Motorgewicht (*a*) mit wachsender Frequenz abnimmt, daß aber das Gewicht des Getriebes (*b*), das notwendig ist, um die hohe Drehzahl des Schnellfrequenz-Käfigläufers auf die erlaubte Werkzeugdrehzahl herunterzusetzen, mit der Frequenz steigt. Aus den beiden Kurven für das Motorgewicht und das Getriebegewicht kann man eine Gesamtgewichtskurve ermitteln (*c*), aus der sich ergibt, daß die günstigste Frequenz, bei der für eine bestimmte Leistung das kleinste Kraftwerkzeug-Gewicht zu erwarten ist, bei 150—200 liegt. Sobald unmittelbare Kupplung zwischen Hochfrequenzmotor und Werkzeug möglich ist (vgl. z. B. Abb. 94, 95, 111), gilt natürlich nur die Linie *a* in Abb. 104.

Wie günstig das Gewicht des Schnellfrequenz-Krafthandwerkzeuges gegenüber dem Gewicht eines Allstrom-Krafthandwerkzeuges liegt, zeigt die Tabelle 8.

Tabelle 8. *Gewichtsvergleich zwischen Schnellfrequenz- und Allstrom-Kraftwerkzeugen.*

| Werkzeug | Leistungs-abgabe Watt | Schnell-frequenz kg | Allstrom kg |
|---|---|---|---|
| Bohrmaschine . . . . . | 120 | 1,7 | 3,0 |
| Bohrmaschine . . . . . | 350 | 3,7 | 7,3 |
| Bohrmaschine . . . . . | 2300 | 32,5 | 59,0 |
| Kleinschleifmaschine . . | 80 | 1,3 | 2,1 |
| Handschleifmaschine . . | 350 | 3,5 | 7,8 |
| Schleifmaschine . . . . | 1200 | 10,0 | 22,6 |
| Gewindeschneidmaschine . | 125 | 2,2 | 3,9 |
| Blechschere . . . . . . | 125 | 2,4 | 4,2 |

Das niedrigere Gewicht bei derselben Leistungsabgabe erklärt sich aus dem einfacheren Aufbau des elektrischen Teiles des Schnellfrequenzwerkzeuges und aus der höheren Leistung, die ein schneller laufender Motor (bezogen auf sein Gewicht) abgibt.

Daß die Gewichtsersparnis im elektrischen Teil liegt, ist in der Tabelle 8 leicht daran zu sehen, daß bei der Gewindeschneidmaschine und bei der Blechschere, wo der mechanische Teil im Vergleich zum elektrischen Teil verhältnismäßig groß ist, die Gewichtsersparnis des Schnellfrequenzwerkzeuges gegenüber dem Allstromwerkzeug nicht so hoch ist.

Preßluftwerkzeuge sind im übrigen bei vergleichbaren Leistungen etwa so schwer wie Schnellfrequenzwerkzeuge.

Das leichteste Schnellfrequenzwerkzeug, eine Kleinstbohrmaschine, die Bohrer bis zu 4 mm ⌀ aufnehmen kann, zeigt Abb. 105. An den drei übereinandergestellten Werkzeugen in Abb. 106 wird derselbe elektrische Teil benutzt, um mit verschiedenen davorgebauten mechanischen Teilen eine Bohrmaschine, einen Schrauber und einen Gewindeschneider zu bauen. Die Werkzeuge haben einheitlich 125 W Leistungsabgabe.

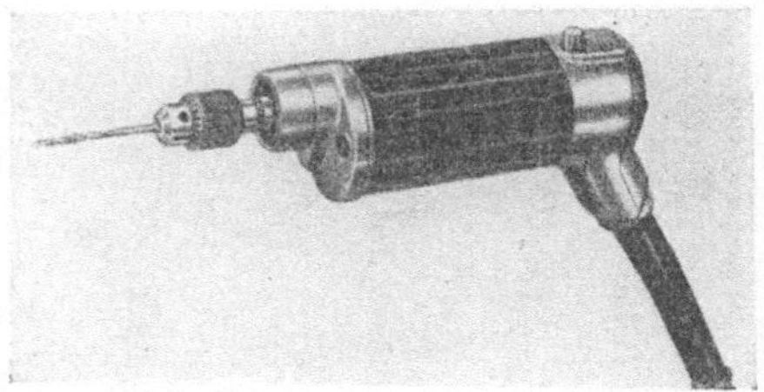

Abb. 105. Kleinstbohrmaschine bis 4 mm ⌀. Gewicht 1,2 kg; Antriebsmotor 80 W, 200 Hz; Bohrerdrehzahl 4000 U/min (*Bosch*).

Die Abb. 107 und 108 zeigen Ansicht und Schnitt eines Schraubers, der Schrauben bis 10 mm ⌀ einschrauben kann. Dieser Schrauber hat eine einstellbare Kupplung. Der Schrauber dreht die Schraube zunächst bis zum metallischen Anliegen des

Schraubenkopfes ein und zieht sie dann durch einzelne kleine Drehschläge bis zu dem genau eingestellten Festziehmoment an, wobei der hier abgebildete Schrauber etwa 40 Schläge in der Sekunde macht.

Die folgenden Abb. 109, 110 und 111 zeigen eine schnellfrequenzgespeiste Winkelbohrmaschine, eine Winkelpoliermaschine und eine Handkurvenschere. In Abb. 112 ist eine aus 6 Schnellfrequenz-Handbohrmaschinen zusammengebaute Reihenbohrmaschine dargestellt; die Abb. 113 zeigt die größte schnellfrequenzbetriebene Bohrmaschine mit einer abgegebenen Leistung von 3,0 kW, die bis 70 mm ∅ bohren und bis 45 mm ∅ Gewinde schneiden kann, auf einer Baustelle.

Die Abb. 114 schließlich zeigt einen Schnellfrequenzschrauber am Volkswagenmontageband. Bei dieser Abb. ist die Stromzuführung und Aufhängung des Werkzeuges bemerkenswert. Der am Kopf des Bildes sichtbare Stromabnehmerwagen

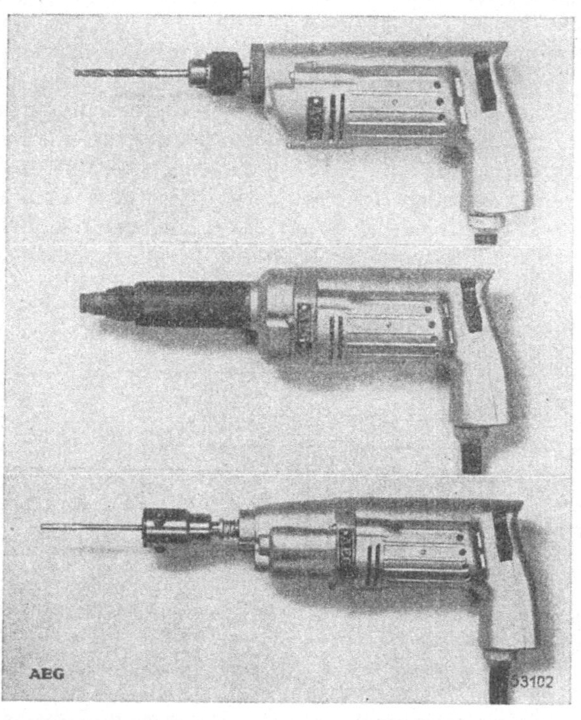

Abb. 106. Drei Schnellfrequenzwerkzeuge unter Verwendung des gleichen Antriebsmotors mit einer Leistung von 125 W. *a* Bohrmaschine 1,85 kg, 6 mm ∅ in Stahl; *b* Schrauber 2,4 kg, Feingewinde bis 6 mm ∅; *c* Gewindeschneider 2,2 kg, Gewinde bis M 6 in Stahl (*AEG*).

nimmt von einer berührungssicheren Schleifleitung den schnellfrequenten Strom ab. Dadurch braucht die empfindliche Zuleitung nur von der an dem Stromabnehmerwagen befindlichen Steckdose bis zum Schrauber selbst zu reichen. Der Schrauber ist außerdem gewichtsentlastet an demselben Stromabnehmerwagen aufgehängt, an dem sich auch noch Sicherungsautomaten zur Absicherung dieses einen Werkzeuges befinden.

In diesem Abschnitt ist an Hand der Bildbeispiele ein Querschnitt durch die Anwendungsmöglichkeiten der Schnellfrequenz als Antrieb von Werkzeugmaschinen gezogen worden. Dabei ist am häufigsten ausschlaggebend gewesen, daß man Drehzahlen über 3000 U/min durch einen robusten, einfachen Elektromotor unmittel-

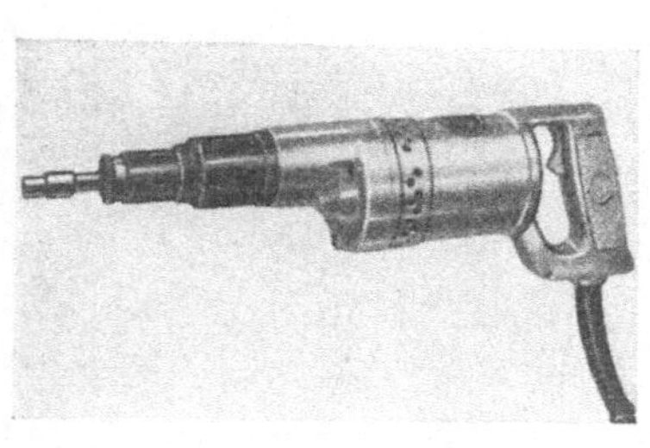

Abb. 107. Schnellfrequenzschrauber (*Bosch*).

bar erzielen wollte, teilweise um andere Drehzahlerhöhungsmittel zu sparen und teilweise um einen einwandfreien kräftigen Rundlauf einer Werkzeugspindel zu erzielen, der sich auf die Oberflächengüte des zu bearbeitenden Werkstückes gut auswirkt. In einigen wenigen Fällen ist der Schnellfrequenzantrieb wegen seines gegenüber dem gewöhnlichen Antrieb geringeren Leistungsgewichtes gewählt worden. Selbstverständlich wird die Schnellfrequenz auch zu anderen Zwecken als zum

Erzielen hoher Drehzahlen benutzt, wie es abschließend an zwei Beispielen von Vibratoren gezeigt wird. Der Innenvibrator (Abb. 115) dient auf Baustellen zur

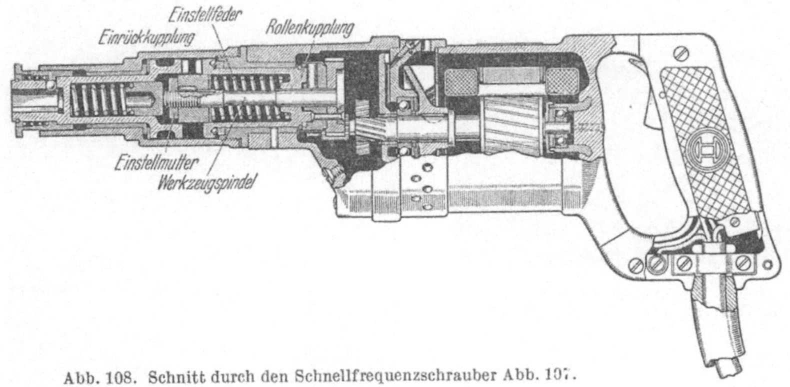


Abb. 108. Schnitt durch den Schnellfrequenzschrauber Abb. 107.

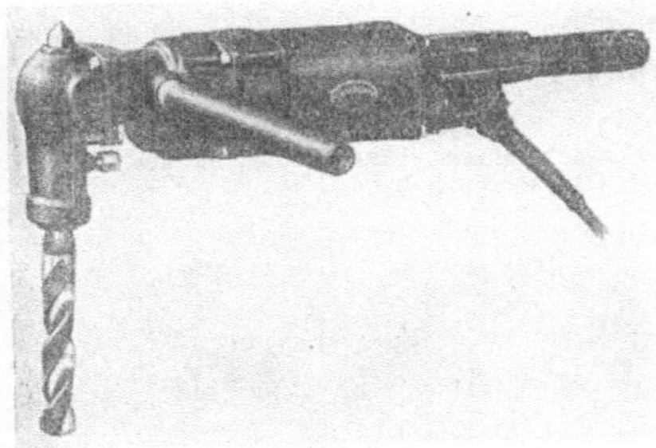

Abb. 109. Schnellfreqenz-Winkelbohrmaschine. Bohrer ⌀ bis 32 mm; Leistung 1,35 kW (*Bosch*).

Abb. 110. Winkelpoliermaschine für Filzteller 175 mm ⌀, Tellerbürsten 120 mm ⌀, Gummischeiben bis 120 mm ⌀ (*AEG*).

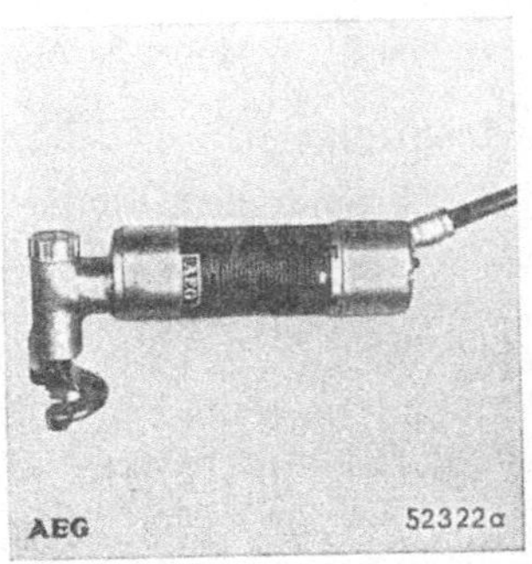

Abb. 111. Handkurvenschere für Blechstärke bis 1,6 mm. Schnittleistung 4,5 m/min (*AEG*).

Abb. 112. Reihenbohrmaschine, aus gewöhnlichen Schnellfrequenz-Handbohrmaschinen zusammengestellt (*Bosch*).

Verdichtung von Beton. Der Außenvibrator (Abb. 116), der mit einer Schnellfrequenz von 150/180 Hz betrieben wird, wird in der Betonstein- und Fertigteile-Fabrikation benutzt, um die Formen zu rütteln. Er dient auch zur Bestückung von Schnellfrequenzvibrator-Bohlen, die zur Verfestigung des Betonunterbaues im Straßenbau benutzt werden.

Abb. 113. Große Schnellfrequenzbohr-
maschine auf einer Baustelle (*Bosch*).

Abb. 114.    Schnellfrequenzschrauber am
Volkswagen-Montageband. Stromabnahme
über GLUMA-Stromband (*Hahn & Kolb*).

Abb. 115.    Innenvibrator
zur Betonverdichtung.
Leistung 1 kW (*Gebr.
Wacker K.G.*, München 13).

Abb. 116. Außenvibrator für Schutz-
spannung 50 V.  Leistung 2 kW
(*Gebr. Wacker*).

# VI. Normung der Schnellfrequenzen.

**46. Frequenznormung.** In dem DIN-Blatt 42 655 sind die „Frequenzen für schnellaufende Drehstrommotoren" genormt worden (Tabelle 9). In diesem Normblatt sind auch die Betriebsspannungen festgelegt. Die Verfasser dieses Heftes haben zur Vervollständigung dieses Normblattes beim Fachnormenausschuß Elektrotechnik beantragt, den Satz: „Die

Tabelle 9.    *Genormte Frequenzen
für Schnellfrequenz-Kurzschlußläu-
fer-Drehstrommotoren*
(nach DIN 42 655)[1].

| Frequenz | Synchrone Drehzahl |
|---|---|
| Hz | U/min |
| 75 | 4500 |
| 100 | 6000 |
| 150 | 9000 |
| 200 | 12000 |
| 250 | 15000 |
| 300 | 18000 |
| 400 | 24000 |
| 500 | 30000 |
| 600 | 36000 |
| 750 | 45000 |

Bemerkungen: Werden die Frequenzen im Anschluß an ein 50 Hz-Netz durch einen von einem Asynchronmotor angetriebenen Frequenzwandler erzeugt, so ist bei Errechnung der Drehzahl des Arbeitsmotors auch der Schlupf des Antriebsmotors des Frequenzwandlers zu berücksichtigen.

Die fett gedruckten Frequenzen sind für Holzbearbeitungsmaschinen und für Werkzeugmaschinen zu bevorzugen.

Betriebsspannungen 125, 220, 380, 500 V

---

[1] Wiedergegeben mit Genehmigung des Deutschen Normenausschusses. Maßgebend ist die jeweils neueste Ausgabe des Normblattes im Normformat A 4, das bei der Beuth-Vertrieb GmbH, Berlin W 15 und Köln, erhältlich ist.

vorstehend aufgeführten Frequenzen werden als Schnellfrequenzen bezeichnet," in das Normblatt mit aufzunehmen, damit eine einheitliche, unmißverständliche Kennzeichnung der für den Antrieb von Werkzeugmaschinen benutzten Frequenzen eingeführt werden kann.

**47. Elektrische Verhältnisse und Lastdrehzahlen.** In der Tabelle 10 sind zu den in DIN 42 655 genormten Frequenzen die Polzahlen des für die Schnellfrequenzerzeugung notwendigen Wandlers und die ungefähren Drehzahlen der Arbeitsmotoren angegeben.

Die Schnellfrequenzen selbst werden im allgemeinen im *Gegenfeld-Umformverfahren* erzeugt. Die Frequenzwandler werden dabei (siehe den Abschnitt „Umlaufende Wandler") fast immer durch den einfachen Asynchronmotor angetrieben. Dieser Asynchronmotor hat Schlupf, so daß also die erzeugten Schnellfrequenzen nicht mit den Nennfrequenzen übereinstimmen können, sondern daß schon die erzeugten Schnellfrequenzen um den Schlupf des Wandlerantriebsmotors unter der eigentlichen Nennfrequenz liegen. Wird nun mit diesen niedrigeren Schnellfrequenzen ein Asynchronmotor angetrieben, so wie es beim Schnellfrequenzantrieb ja immer der Fall ist, so hat dieser Motor eine Lastdrehzahl, die sich aus der theoretischen Drehzahl abzüglich des Schlupfes des Wandlerantriebsmotors und abzüglich des Schlupfes des Asynchronarbeitsmotors selbst ergibt. Der Schlupf selbst ist für Vollast und alle Zwischenlasten bei den einzelnen Motoren der verschiedenen Fabrikate unterschiedlich. Um in der Tabelle 10 ungefähre Richtwerte für Lastdrehzahlen angeben zu können, ist, ebenso wie bei Lastdrehzahlen für Werkzeugmaschinen, einheitlich mit 6% Schlupf für einen Asynchronmotor gerechnet worden. Die Lastdrehzahl-Richtwerte mit dem doppelten Schlupf, so wie vorstehend erläutert, sind in dem stark umrandeten Teil der Tabelle angegeben, weil sie die am häufigsten vorkommenden Lastdrehzahlen sind.

Man kann die in DIN 42 655 genormten Schnellfrequenzen selbstverständlich auch genau erzeugen, wenn man den Frequenzwandler mit einem Synchronmotor antreibt oder die Schnellfrequenz auf andere Weise erzeugt. In diesem Falle ist dann nur der einfache Schlupf des Schnellfrequenzarbeitsmotors selbst bei der Lastdrehzahl zu berücksichtigen. Auch diese Werte sind in der Tabelle 10 angegeben.

Tabelle 10. *Zahlenwerte für Normfrequenzen und Lastdrehzahlen.*

| Per/s | Erzeugungspolzahl des Wandlers bei | | Drehzahlen der Arbeitsmotoren bei | |
|---|---|---|---|---|
| | 1500 Umdr. | 3000 Umdr. | einfachem Schlupf | Doppelschlupf |
| 75 | 2 | — | 4250 | 4000 |
| 100 | 4 | 2 | 5600 | 5300 |
| 150 | 8 | 4 | 8500 | 8000 |
| 200 | 12 | 6 | 11200 | 10600 |
| 250 | 16 | 8 | 14000 | 13200 |
| 300 | 20 | 10 | 17000 | 16000 |
| 400 | — | 14 | 22400 | 21200 |
| 500 | — | 18 | 28000 | 26500 |
| 600 | — | 22 | 33500 | 31500 |
| 750 | — | 28 | 42500 | 40000 |

Die Lastdrehzahlen mit dem doppelten Schlupf, also die gebräuchlichsten Lastdrehzahlen sind in dem Drehzahl-Schnittgeschwindigkeits-Schaubild (Abb. 2) am Anfang dieses Buches benutzt worden.

*(Fortsetzung 4. Umschlagseite)*